# 한국수학학력평가
## KMA (Korean Mathematics Ability Evaluation)

KB085866

## **1 KMA 특징**

현직 교수, 박사급 출제위원!

1:1 KMA 평가 전문 상담!

KMA

AI

교과 기본/응용/심화
+ 창의 사고력 도전 평가
빅데이터 결과분석

**KMA** 한국수학학력평가는 개개인의 현재 수학실력에 대한 면밀한 정보를 제공하고자 인공지능(AI)을 통한 빅데이터 평가 자료를 기반으로 문항별, 단원별 분석과 교과 역량 지표를 분석합니다. 또한 이를 바탕으로 전체 응시자 평균점과 상위 30 %, 10 % 컷 점수를 알고 본인의 상대적 위치를 확인할 수 있습니다.

**KMA** 한국수학학력평가는 단순 점수와 등급 확인을 위한 평가가 아니라 미래사회가 요구하는 수학 교과 역량 평가지표 5가지 영역을 평가함으로써 수학실력 향상의 새로운 기준을 만들었습니다.

**KMA** 한국수학학력평가는 평가 후 희망 학부모에 한하여 진단 상담 신청서와 상담 예약서를 작성하여 자녀의 수학학습에 관한 1 : 1 상담을 받을 수 있습니다.

# 2 KMA/KMAO 평가 일정 안내

| 구분 | 일정 | 내용 |
|---|---|---|
| 한국수학학력평가(상반기 예선) | 매년 6월 | 상위 10% 성적 우수자에 본선 진출권 자동 부여 |
| 한국수학학력평가(하반기 예선) | 매년 11월 | |
| 왕수학 전국수학경시대회(본선) | 매년 1월 | 상반기 또는 하반기 KMA 한국수학학력평가에서 상위 10% 성적 우수자 대상으로 본선 진행 |

※ 상기 일정은 상황에 따라 변동될 수 있습니다.

# 3 KMA 시험 개요

| 참가 대상 | 초등학교 1학년~중학교 3학년 |
|---|---|
| 신청 방법 | 해당지역 접수처에 직접신청 또는 KMA 홈페이지에 온라인 접수 |
| 시험 범위 | 초등 : 1학기 1단원~5단원(단, 초등 1학년은 4단원까지) |
| | 중등 : KMA홈페이지(www.kma-e.com) 참조 |

※ 초등 1, 2학년 : 25문항(총점 100점, 60분)  ▶ 시험지 內 답안작성
※ 초등 3학년~중등 3학년 : 30문항(총점 120점, 90분)  ▶ OMR 카드 답안작성

# 4 KMA 평가 영역

**KMA** 한국수학학력평가에서는 아래 5가지 수학교과역량을 평가에 반영하였습니다.

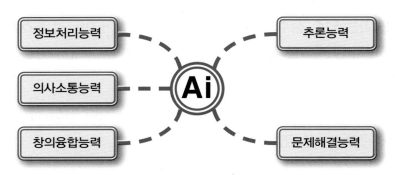

## 5 KMA 평가 내용

| 교과서 기본 과정<br>(10문항) | 해당학년 수학 교과과정에서 기본개념과 원리에 기반 한 교과서 기본문제 수준으로 수학적 원리와 개념을 정확히 알고 있는지를 측정하는 문항들로 구성됩니다. |
|---|---|
| 교과서 응용 과정<br>(10문항) | 해당학년 수학 교과과정의 수학적 원리와 개념을 정확히 알고 기본문제에서 한 단계 발전된 형태의 수준으로 기본과정의 개념과 원리를 다양한 상황에 적용하고 응용 할 수 있는지를 측정하는 문항들로 구성됩니다. |
| 교과서 심화 과정<br>(5문항) | 해당학년의 수학 교과과정의 내용을 정확히 알고, 이를 다양한 상황에 적용하고 응용하는 능력뿐만 아니라, 문제에서 구하는 내용과 주어진 조건과의 상호 관련성을 파악하여 문제를 해결할 수 있는지를 측정하는 문항들로 구성됩니다. |
| 창의 사고력 도전 문제<br>(5문항) | 학습한 수학내용을 자유자재로 문제상황에 적용하며, 창의적으로 문제를 해결할 수 있는 수준으로 이 수준의 문항은 학생들이 기존의 풀이방법에서 벗어나 창의성을 요구하는 비정형 문항으로 구성됩니다. |

※ 창의 사고력 도전 문제는 초등 3학년~중등 3학년만 적용됩니다.

## 6 KMA 평가 시상

| | 시상명 | 대상자 | 시상내역 |
|---|---|---|---|
| 개<br>인 | 금상 | 90점 이상 | 상장, 메달 |
| | 은상 | 80점 이상 | 상장, 메달 |
| | 동상 | 70점 이상 | 상장, 메달 |
| | 장려상 | 50점 이상 | 상장 |
| 학<br>원 | 최우수학원상 | 수상자 다수 배출 상위 10개 학원 | 상장, 상패, 현판 |
| | 우수학원상 | 수상자 다수 배출 상위 30개 학원 | 상장, 족자(배너) |
| | 우수지도교사상 | 상위 10% 성적 우수학생의 지도교사 | 상장 |

※ 상위 10% 이내 성적 우수자에 본선(KMAO 왕수학 전국수학경시대회) 진출권 부여

# **KMA** OMR 카드 작성시 유의사항

1. 모든 항목은 컴퓨터용 사인펜만 사용하여 보기와 같이 표기하시오.
   보기) ① ● ③
   ※ 잘못된 표기 예시 : ✓ ✗ ⊙ ⊘
2. 수정시에는 수정테이프를 이용하여 깨끗하게 수정합니다.
3. 수험번호란과 생년월일란에는 감독 선생님의 지시에 따라 아라비아 숫자로 쓰고 해당란에
3. 표기하시오.
4. 답란에는 아라비아 숫자를 쓰고, 해당란에 표기하시오.
   ※ OMR카드를 잘못 작성하여 발생한 성적 결과는 책임지지 않습니다.

| OMR 카드<br>답안작성<br>예시 1<br><br>한 자릿수 | 예) 답이 1 또는 선다형 답이 ①인 경우 |
| :--- | :--- |

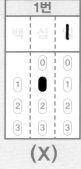
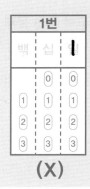

| OMR 카드<br>답안작성<br>예시 2<br><br>두 자릿수 | 예2) 답이 12인 경우 |
| :--- | :--- |

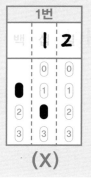
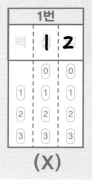

| OMR 카드<br>답안작성<br>예시 3<br><br>세 자릿수 | 예3) 답이 230인 경우 |
| :--- | :--- |

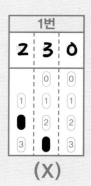

# 8 KMA 접수 안내 및 유의사항

(1) 가까운 지정 접수처 또는 KMA 홈페이지(www.kma-e.com)에서 접수합니다.

(2) 지정 접수처 접수 시, 응시원서를 작성하여 응시료와 함께 접수합니다.
　　(KMA 홈페이지에서 응시원서를 다운로드 받아 사용 가능)

(3) 응시원서는 모든 사항을 빠짐없이 정확하게 작성합니다.
　　시험장소는 접수 마감 후 추후 KMA 홈페이지에 공지할 예정입니다.

(4) 초등학교 3학년 응시생부터는 OMR 카드를 사용하여 답안을 작성하기 때문에 KMA 홈페이지에서
　　OMR 카드를 다운로드하여 충분히 연습하시기 바랍니다.
　　(OMR 카드를 잘못 작성하여 발생한 성적에 대해서는 책임지지 않습니다.)

(5) 부정행위 또는 타인의 시험을 방해하는 행위 적발 시, 즉각 퇴실 조치하고 당해 시험은 0점 처리
　　되오니, 이점 유의하시기 바랍니다.

# 9 KMAO 왕수학 전국수학경시대회(본선)

KMA 한국수학학력평가 성적 우수자(상위 10%) 등을 대상으로 왕수학 전국수학경시대회를 통해 우수한 수학 영재를 조기에 발굴 교육함으로, 수학적 문제해결력과 창의 융합적 사고력을 키워 미래의 우수한 글로벌 리더를 키우고자 본 경시대회를 개최합니다.

| 참가 대상 및 응시료 | KMA 한국수학학력평가 상반기 또는 하반기에서 성적 우수자 상위 10% 해당자로 본선 진출 자격을 받은 학생 또는 일반 참가 학생<br>＊본선 진출 자격을 받은 학생들은 응시료를 할인 받을 수 있는 혜택이 있습니다. |
|---|---|
| 대상 학년 | 초등 : 초3 ～ 초6(상급학년 지원 가능)<br>　　　※초1～2학년은 본선 시험이 없으므로 초3학년에 응시 자격 부여함.<br>중등 : 중등 통합 공통과정(학년구분 없음) |
| 출제 문항 및 시험 시간 | 주관식 단답형(23문항), 서술형(2문항)<br>시험 시간 : 90분<br>＊풀이 과정에 따른 부분 점수가 있을 수 있습니다. |
| 시험 난이도 | 왕수학(실력), 점프왕수학, 응용왕수학, 올림피아드왕수학 수준 |

＊시상 및 평가 일정 등 자세한 내용은 KMA 홈페이지(www.kma-e.com)에서 확인 하실 수 있습니다.

## 10 교재의 구성과 특징

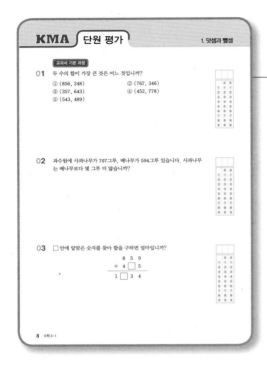

### 단원평가

KMA 시험을 대비할 수 있는 문제 유형들을 단원별로 정리하여 수록하였습니다.

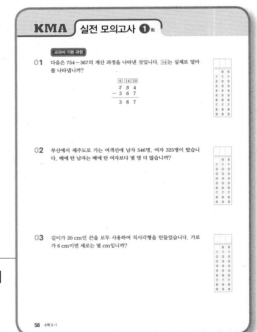

### 실전 모의고사

출제율이 높은 문제를 수록하여 KMA 시험을 완벽하게 대비할 수 있도록 합니다.

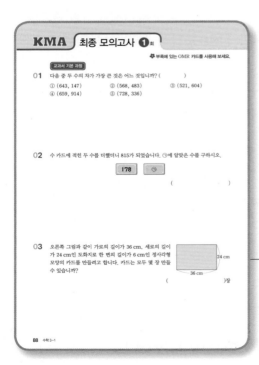

### 최종 모의고사

KMA 출제 위원과 검토 위원들이 문제 난이도와 타당성 등을 모두 고려한 최종 모의고사를 통하여 KMA 시험을 최종적으로 대비할 수 있도록 하였습니다.

# Contents

**01** 두 수의 합이 가장 큰 것은 어느 것입니까?

① (856, 248)  　　② (767, 346)

③ (357, 643)  　　④ (452, 778)

⑤ (543, 489)

**02** 과수원에 사과나무가 707그루, 배나무가 594그루 있습니다. 사과나무는 배나무보다 몇 그루 더 많습니까?

**03** □ 안에 알맞은 숫자를 찾아 합을 구하면 얼마입니까?

$$\begin{array}{r} 8\ 5\ 9 \\ +\ 4\ \square\ 5 \\ \hline 1\ \square\ 3\ 4 \end{array}$$

**04** 뺄셈식에서 2 가 나타내는 수는 얼마입니까?

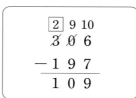

**05** 두 수의 차가 가장 큰 것은 어느 것입니까?

① (702, 526)  ② (603, 514)
③ (437, 258)  ④ (700, 692)
⑤ (567, 369)

**06** □ 안에 알맞은 숫자를 찾아 합을 구하면 얼마입니까?

$$
\begin{array}{r}
4\ 0\ 0 \\
-\ 1\ \square\ 8 \\
\hline
\square\ 4\ \square
\end{array}
$$

**07** □ 안에 알맞은 수를 구하시오.

$$159 + \boxed{\phantom{0}} = 324$$

**08** 효근이가 집에서 나와 놀이터에 들렀다가 서점에서 책을 사고 집으로 바로 돌아왔습니다. 효근이가 움직인 거리는 모두 몇 m입니까?

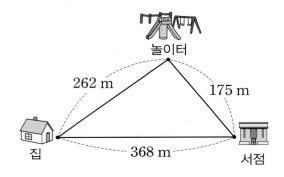

**09** 영화관에서는 824명이 영화 관람을 하고 있습니다. 그중에서 남자가 417명이라면 영화 관람을 하고 있는 여자는 몇 명입니까?

**10** 영수는 용돈 800원을 가지고 문구점에 가서 480원짜리 자 한 개와 240원짜리 연필 한 자루를 샀습니다. 남은 돈은 얼마입니까?

**11** ( ) 안의 네 수 중에서 두 수를 사용하여 덧셈식을 완성하였을 때 ☐ 안의 두 수의 차는 얼마입니까?

$$(195, \ 731, \ 572, \ 469) \ \Rightarrow \ \boxed{\phantom{00}} + \boxed{\phantom{00}} = 1200$$

**12** 관광객을 태운 유람선이 목적지를 향해 가고 있었습니다. 중간에 있는 섬에서 285명이 내리고 167명이 탔는데 목적지에서 내린 관광객을 세어 보니 532명이었습니다. 처음에 유람선을 타고 있던 관광객은 몇 명입니까?

**13** □ 안에 들어갈 수 있는 숫자들을 모두 찾아 합을 구하시오.

$$29\square + 527 > 822$$

**14** 숫자 카드 중 3장을 뽑아 한 번씩만 사용하여 세 자리 수를 만들 때, 만들 수 있는 가장 큰 수와 가장 작은 수의 차를 구하시오.

   0

**15** 다음 글에서 필즈가 바르게 계산할 때 나온 값은 얼마입니까?

> 필즈 : 노벨아, 내가 이 문제를 왜 틀렸는지 모르겠어. 너는 알겠니?
> 노벨 : 어떻게 풀었는지 살펴볼까? 어떤 수에서 248을 빼야 하는데 더해서 756이 나왔구나.
> 필즈 : 앗! 나의 실수, 어떤 수에서 248을 빼야 하는구나.

**16** 어느 마을에 사는 사람을 조사하였더니 남자는 389명이고, 여자는 남자보다 148명이 더 많았습니다. 이 마을에 사는 사람은 모두 몇 명입니까?

**17** 예슬이는 올해 안에 800장의 그림 카드를 모으려고 합니다. 5월까지 387장을 모았고, 그 후로 9월까지 135장을 더 모았습니다. 예슬이가 더 모아야 할 그림 카드는 몇 장입니까?

**18** 주어진 뺄셈식이 성립할 때 ★＋◆의 값을 구하시오.

$$
\begin{array}{r}
\text{★} \ \text{◆} \ \text{◆} \\
- \ 5 \ \text{★} \ 9 \\
\hline
\text{◆} \ 3 \ 2 \\
\end{array}
$$

**19** 어떤 수에서 164를 빼야 할 것을 잘못하여 146을 더했더니 532가 되었습니다. 바르게 계산하면 얼마입니까?

**20** ㉮에서 ㉯까지의 거리는 몇 m입니까?

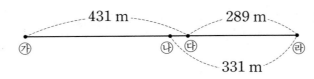

교과서 심화 과정

**21** 모양들이 각각 어떤 수를 나타낼 때, ★과 ▲의 합은 얼마입니까?

> • ■＋▲＝536
> • ★은 ■보다 395가 더 큽니다.

**22** 어떤 세 자리 수가 있습니다. 이 수의 백의 자리 숫자와 십의 자리 숫자를 바꾸었습니다. 바꾼 수에서 157을 **뺐더니** 686이 되었다면 처음 세 자리 수는 얼마입니까?

**23** 다음 수들 중에서 두 수의 차가 가장 크게 되는 두 수를 찾아 그 차를 구하면 얼마입니까?

> 562   912   201   611   145

**24** 주어진 두 수의 합은 1411입니다. 두 수의 차가 가장 작은 경우는 얼마입니까?

$$
\begin{array}{cccc}
 & \square & 4 & \square \\
+ & \square & \square & 9 \\
\hline
1 & 4 & 1 & 1 \\
\end{array}
$$

**25** 주어진 수 중 세 수를 □ 안에 써넣어 계산 결과가 가장 작게 하려고 합니다. 가장 작은 계산 결과는 얼마입니까?

> 784, 276, 352, 547

$$\boxed{\phantom{0}}-\boxed{\phantom{0}}+\boxed{\phantom{0}}$$

[창의 사고력 도전 문제]

**26** 다음 식에서 ㉮는 ㉯보다 32 작은 수입니다. ㉯는 얼마입니까?

> $572-㉮-㉯=296$

**27** 4장의 숫자 카드 중 3장을 사용하여 가장 큰 세 자리 수와 가장 작은 세 자리 수를 만들어 차를 구하면 636이 된다고 합니다. ㉮ 숫자 카드에 알맞은 숫자는 무엇입니까?

> [2] [7] [3] [㉮]

**28** 다음 식의 ☐ 안에는 십의 자리와 일의 자리의 숫자가 같은 세 자리 수만 들어갈 수 있습니다. 세 수의 합이 777에 가장 가깝게 되도록 할 때, ☐ 안에 알맞은 수는 얼마입니까?

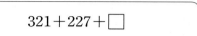

321＋227＋☐

**29** 다음에서 ■와 ▲의 합은 얼마입니까?

■, ●, ▲는 각각 세 자리 수입니다.
■는 ●보다 236 더 큽니다.
●와 ▲의 합은 428입니다.

**30** 다음 숫자 카드를 한 번씩만 사용하여 두 개의 세 자리 수를 만들려고 합니다. 만든 두 수의 차 중에서 가장 작은 값을 구하시오.

| 1 | 2 | 5 | 7 | 8 | 9 |

**01** 다음 중 직선은 어느 것입니까?

① ㄱ ~ ㄴ  ② ㄷ ㅡ ㄹ

③ ㅁ ㅡ ㅂ  ④ ㅅ ㅡ ㅇ

⑤ ㅈ ㅡ ㅊ

**02** 다음 중 직각이 있는 도형은 어느 것입니까?

① ② ③

④ ⑤

**03** 직사각형을 바르게 설명한 것은 어느 것입니까?

① 직각은 2개 있습니다.
② 마주 보는 두 변의 길이가 같습니다.
③ 네 변의 길이가 모두 다릅니다.
④ 네 각의 크기가 모두 다릅니다.
⑤ 마주 보는 두 각의 크기만 같습니다.

**04** 크기가 서로 다른 2개의 정사각형이 있습니다. 두 정사각형의 둘레의 길이의 합은 28 cm입니다. ㉮ 정사각형의 한 변의 길이가 3 cm일 때, ㉯ 정사각형의 한 변의 길이는 몇 cm입니까?

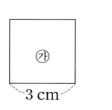
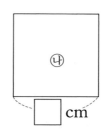

**05** 다음 도형에서 작은 각들의 크기는 모두 같습니다. 도형에서 찾을 수 있는 직각은 모두 몇 개입니까?

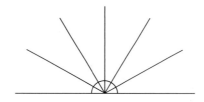

**06** 다음 도형에서 찾을 수 있는 크고 작은 직각삼각형은 모두 몇 개입니까?

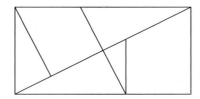

**07** 길이가 30 cm인 철사를 모두 사용하여 가로가 8 cm인 직사각형을 만들었습니다. 이 직사각형의 세로 길이는 몇 cm입니까?

**08** 그림에서 찾을 수 있는 직각삼각형은 모두 몇 개입니까?

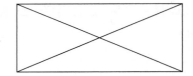

**09** 정사각형이 직사각형이 되는 이유로 알맞은 것은 어느 것입니까?

① 네 각이 모두 직각입니다.
② 네 변의 길이가 모두 같습니다.
③ 4개의 각이 있습니다.
④ 4개의 변이 있습니다.
⑤ 4개의 선분으로 둘러싸여 있습니다.

**10** 정사각형과 직사각형의 둘레의 길이가 같을 때, □ 안에 알맞은 수를 구하시오.

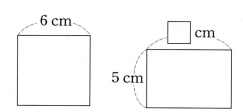

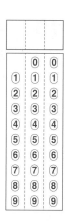

교과서 응용 과정

**11** 시계의 긴바늘과 짧은바늘이 이루는 각 중 작은 각을 잴 때, 직각을 이루는 시각은 어느 것입니까?

① 2시      ② 5시      ③ 6시

④ 9시      ⑤ 10시

**12** 도형의 둘레의 길이는 몇 cm입니까?

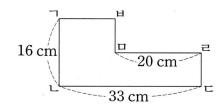

**13** 다음 도형에서 사각형 ㄱㄴㅇㅅ과 사각형 ㅅㄹㅁㅂ은 정사각형입니다.
변 ㄴㄷ의 길이는 몇 cm입니까?

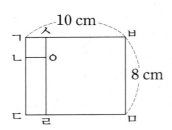

**14** 다음 도형에서 찾을 수 있는 크고 작은 직사각형은 모두 몇 개입니까?

**15** 다음 도형 안에서 찾을 수 있는 직각은 모두 몇 개입니까?

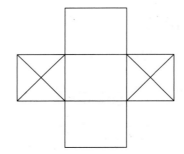

**16** 다음은 큰 직사각형에서 작은 직사각형 모양 2개를 잘라낸 도형입니다. 이 도형의 둘레의 길이는 몇 cm입니까?

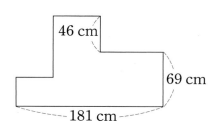

46 cm

69 cm

181 cm

**17** 다음 도형에서 찾을 수 있는 크고 작은 직각삼각형은 모두 몇 개입니까?

**18** 크기가 같은 정사각형 7개를 붙여서 만든 도형입니다. 이 도형의 둘레의 길이가 60 cm일 때, 정사각형 한 개의 네 변의 길이의 합은 몇 cm입니까?

**19** 다음은 크기가 같은 정사각형 6개를 붙여 새로운 도형을 만든 것입니다. 작은 정사각형 1개의 네 변의 길이의 합이 8 cm라면 도형의 둘레의 길이는 몇 cm입니까?

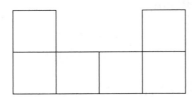

**20** 오른쪽 4개의 점 중에서 2개의 점을 택하여 그을 수 있는 반직선은 모두 몇 개입니까?

**21** 오른쪽 그림과 같은 색종이에서 가장 큰 정사각형을 오려낸 후, 남은 색종이에서 가장 큰 정사각형을 오려 내었을 때, 남은 색종이의 네 변의 길이의 합은 몇 cm입니까?

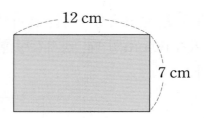

12 cm

7 cm

**22** 오른쪽 도형에서 찾을 수 있는 크고 작은 직사각형은 모두 몇 개입니까?

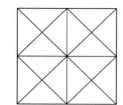

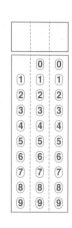

**23** 크기가 같은 직사각형 4개를 이용하여 오른쪽 그림과 같은 모양을 만들었습니다. 가장 큰 정사각형의 둘레의 길이가 40 cm일 때, 색칠한 정사각형의 둘레의 길이는 몇 cm입니까?

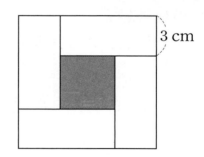

3 cm

**24** 간격이 일정한 아홉 개의 점 중에서 네 개의 점을 꼭짓점으로 하여 만들 수 있는 직사각형은 모두 몇 개입니까?

**25** 오른쪽 그림과 같은 정사각형을 크기가 같은 직사각형 8개로 나누었습니다. 작은 직사각형 하나의 네 변의 길이의 합이 24 cm일 때 큰 정사각형의 네 변의 길이의 합은 몇 cm입니까?

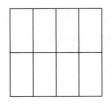

**창의 사고력 도전 문제**

**26** 다음 도형에서 찾을 수 있는 모든 직사각형의 둘레의 길이의 합은 몇 cm입니까?

8 cm  8 cm  8 cm

12 cm

**27** 정사각형 6개로 직사각형을 만들었습니다. 직사각형의 둘레의 길이는 몇 cm입니까?

12 cm

**28** 오른쪽 그림과 같이 7개의 점이 놓여 있을 때, 이 점들을 이어 그을 수 있는 직선과 반직선의 개수의 차는 몇 개입니까? (단, 3개의 점이 일직선에 있는 경우는 없습니다.)

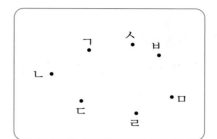

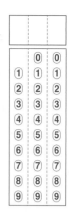

**29** 보기1과 같이 각을 이루는 선분이 3개일 때, 직각보다 작은 각은 2개입니다. 또 보기2와 같이 각을 이루는 선분이 4개일 때, 직각보다 작은 각은 5개입니다. 각을 이루는 선분의 개수가 10개일 때, 직각보다 작은 각은 모두 몇 개입니까?

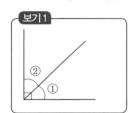
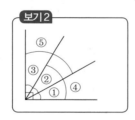
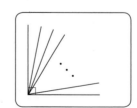

**30** 정사각형을 그림과 같이 접었습니다. 5단계에서 각 변의 가운데 점을 지나도록 직선 가를 따라 자르고 정사각형 나를 잘라냈습니다. 자른 후 색칠한 부분을 펼쳤을 때 정사각형은 모두 몇 개가 만들어집니까?

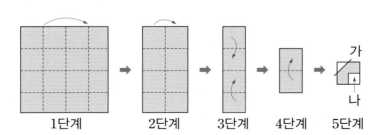

교과서 기본 과정

**01** 나눗셈을 바르게 한 것은 어느 것입니까?

① $30 \div 6 = 7$
② $40 \div 8 = 7$
③ $28 \div 4 = 7$
④ $36 \div 9 = 3$
⑤ $21 \div 3 = 8$

**02** $30 \div 6$ 의 계산으로 풀 수 있는 문제는 어느 것입니까?

① 연필을 30자루씩 6사람에게 똑같이 나누어 주려면 모두 몇 자루가 필요합니까?
② 구슬 30개를 5명의 어린이가 똑같게 나누어 가지면 한 사람이 몇 개씩 가지게 됩니까?
③ 한 봉지에 사탕이 30개씩 6봉지 있습니다. 사탕은 모두 몇 개입니까?
④ 길이가 30 m인 끈이 있습니다. 이 끈에서 6 m를 잘라내면 몇 m가 남습니까?
⑤ 30쪽짜리 동화책을 하루에 6쪽씩 읽으려고 합니다. 모두 읽으려면 며칠 걸립니까?

**03** ☐ 안에 알맞은 수를 구하시오.

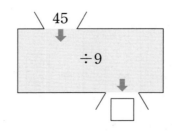

**04** 다음 중 몫의 크기 비교를 바르게 한 것은 어느 것입니까?

① $16 \div 4 > 28 \div 7$

② $63 \div 7 = 72 \div 9$

③ $32 \div 8 > 12 \div 2$

④ $27 \div 3 > 36 \div 9$

⑤ $24 \div 6 < 20 \div 5$

**05** □ 안에 알맞은 수가 가장 작은 것은 어느 것입니까?

① $25 \div \square = 5$

② $8 \div \square = 1$

③ $9 \div \square = 9$

④ $27 \div \square = 9$

⑤ $36 \div \square = 4$

**06** 공책 72권을 8명에게 똑같이 나누어 주려고 합니다. 한 사람이 몇 권씩 가지면 됩니까?

**07**   3학년 학생은 모두 48명입니다. 남는 사람이 없도록 짝을 지을 수 <u>없</u><br>
는 것은 어느 것입니까?

① 4명씩        ② 8명씩        ③ 5명씩

④ 6명씩        ⑤ 3명씩

**08**   ㉠에 알맞은 수를 구하시오.

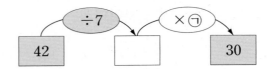

**09**   학생 56명이 긴 의자 8개에 똑같이 나누어 앉으려고 합니다. 긴 의자<br>
1개에 앉는 학생은 몇 명입니까?

**10** 연필 한 타는 12자루입니다. 3타의 연필을 6사람에게 똑같이 나누어 주려고 합니다. 한 사람에게 몇 자루씩 나누어 주면 됩니까?

교과서 응용 과정

**11** ㉮에 알맞은 수를 써넣으시오.

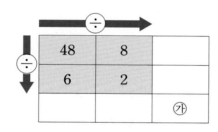

**12** 어떤 수를 6으로 나눌 것을 잘못하여 9로 나누었더니 몫이 6이 되었습니다. 바르게 계산한 몫은 얼마입니까?

**13** 어떤 수 ♥와 ♣가 있습니다. ♥와 ♣의 합은 10이고, ♥를 ♣로 나눈 몫은 4입니다. ♥와 ♣의 차는 얼마입니까?

**14** 같은 두께의 책 7권을 쌓은 높이는 63 mm입니다. 같은 두께의 책을 3권 더 쌓으면 높이는 몇 mm가 됩니까?

**15** 다음의 숫자 카드 중 2장을 골라 두 자리 수를 만들려고 합니다. 만들 수 있는 수 중에서 4로 똑같이 나눌 수 있는 수는 몇 개입니까?

3    2    6

**16** 어떤 규칙인지 알아보고 ㉮에 알맞은 수를 구하시오.

| 8 | 16 | 20 | 24 | 36 |
|---|----|----|----|-----|
| 2 | 4 | 5 | | ㉮ |

**17** 36을 똑같이 나눌 수 있는 수 중에서 3보다 크고 10보다 작은 수를 모두 찾아 그 수들의 합을 구하시오.

**18** 남학생이 27명, 여학생이 36명 있습니다. 7명씩 한 모둠을 만들어 도화지 72장을 각 모둠에 똑같이 나누어 주려고 합니다. 한 모둠에 나누어 주어야 할 도화지는 몇 장입니까?

**19** 민지가 달력에서 날짜 한 개를 골라 3을 곱하고, 9를 더한 다음에 5로 나누었습니다. 나눈 값에서 3을 뺐더니 6이 되었다면 민지가 달력에서 고른 날짜는 무엇입니까?

**20** 다음 조건을 모두 만족하는 수 중 가장 큰 수를 구하시오.

- 두 자리 수입니다.
- 3과 4와 6으로 나누면 나누어집니다.
- 50보다 작은 수입니다.

교과서 심화 과정

**21** ㉮에 알맞은 수를 구하시오.

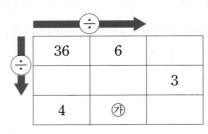

| ÷ | 36 | 6 | |
|---|----|---|---|
| ÷ | | | 3 |
| | 4 | ㉮ | |

**22** 그림과 같이 검은색 바둑돌과 흰색 바둑돌이 일정한 규칙으로 놓여 있습니다. 56번째까지 바둑돌을 차례로 놓았을 때 검은색 바둑돌은 모두 몇 개 놓이게 됩니까?

**23** 세 수 ●, ▲, ■가 있습니다. ●÷▲=2이고 ▲÷■=3일 때, ●÷■는 얼마입니까?

**24** 막대 두 개가 있습니다 두 막대의 길이의 합은 81 cm이고, 두 막대의 길이의 차는 63 cm입니다. 긴 막대의 길이는 짧은 막대의 길이의 몇 배입니까?

**25** 가⊙나＝(가÷나)＋(나÷4)와 같이 계산할 때, □ 안에 들어갈 수 있는 수는 얼마입니까?

$$□⊙8＝11$$

창의 사고력 도전 문제

**26** 식을 보고 ■와 ●에 알맞은 수를 찾아 ■－●를 구하시오.

$$■＋●＝64$$
$$■÷●＝7$$

**27** 5장의 숫자 카드 중 2장을 뽑아 만들 수 있는 두 자리 수 중에서 4로 나누어지는 수를 ㉠개, 6으로 나누어지는 수를 ㉡개라고 할 때 ㉠－㉡은 얼마입니까?

1   2   0   4   5

**28** 가영이는 40개의 구슬을 가지고 있고 효근이는 13개의 구슬을 가지고 있습니다. 내일부터 매일 가영이는 4개의 구슬을 사고 효근이는 7개의 구슬을 산다면, 며칠 후에 가영이와 효근이가 가지고 있는 구슬의 개수가 같게 됩니까?

**29** 1부터 6까지 쓰여진 빨간색과 파란색 주사위가 있습니다. 이 두 개의 주사위를 동시에 던졌을 때 나온 두 수의 합이 6으로 나누어지는 경우는 모두 몇 가지입니까?

**30** 숫자 카드 9장 중에서 4장을 사용하여 □□÷□=□와 같은 나눗셈 식을 만들려고 합니다. 만들 수 있는 식은 모두 몇 가지입니까?

| 0 | 1 | 2 | 3 | 4 | 5 | 6 | 7 | 8 |

교과서 기본 과정

**01** 그림을 보고 만든 식 중 옳지 <u>않은</u> 것은 어느 것입니까?

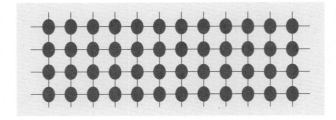

① $4 \times 12$

② $12 \times 4$

③ $12+12+12$

④ $12+12+12+12$

⑤ $4+4+4+4+4+4+4+4+4+4+4+4$

**02** ㉠에 알맞은 수를 구하시오.

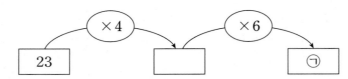

**03** ㉠, ㉡, ㉢, ㉣에 알맞은 수 중 가장 큰 수와 가장 작은 수의 차는 얼마 입니까?

| × | | |
|---|---|---|
| 16 | 3 | ㉠ |
| 9 | 15 | ㉡ |
| ㉢ | ㉣ | |

**04** 지혜는 연필을 9타 가지고 있습니다. 그중에서 5자루를 친구에게 빌려 주었습니다. 남은 연필은 몇 자루입니까?

**05** 오리가 13마리, 송아지가 20마리 있습니다. 다리는 모두 몇 개입니까?

**06** 동민이네 학교 강당은 한 바퀴가 88 m입니다. 동민이가 4바퀴를 달렸 다면 달린 거리는 몇 m입니까?

**07** 크기 비교를 바르게 나타낸 것은 어느 것입니까?

① $43 \times 7 < 300$

② $65 \times 3 < 25 \times 8$

③ $62 \times 8 > 500$

④ $66 \times 5 < 55 \times 6$

⑤ $56 \times 3 < 158$

**08** 다음 5장의 숫자 카드 중에서 3장을 골라 (몇십몇)×(몇)의 곱셈식을 만들어 계산하려고 합니다. 곱을 구할 때 가장 큰 곱은 얼마입니까?

4  6  8  7  9

**09** 긴 의자가 47개 있습니다. 한 의자에 7명씩 앉았더니 마지막 의자에는 4명만 앉았습니다. 의자에 앉은 사람은 모두 몇 명입니까?

**10** 어느 과수원에서 사과를 땄습니다. 사과를 한 상자에 55개씩 넣었더니 8상자가 되고 26개가 남았습니다. 이 과수원에서 딴 사과는 모두 몇 개입니까?

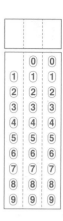

교과서 응용 과정

**11** 용희는 딱지를 13장 가지고 있습니다. 예슬이는 용희가 가진 딱지의 6배 보다 18장이 더 많다고 합니다. 두 사람이 가진 딱지는 모두 몇 장입니 까?

**12** 한 대에 42명씩 탈 수 있는 버스가 8대 있습니다. 학생들을 각 버스에 똑같게 나누어 태웠더니 빈 자리가 5자리씩 남았습니다. 버스에 탄 학 생은 모두 몇 명입니까?

**13** 그림과 같이 길이가 18 cm인 테이프를 이어 붙이려고 합니다. 이을 때 겹쳐지는 부분을 3 cm로 한다면 테이프 7장을 이어 붙인 전체 길이는 몇 cm입니까?

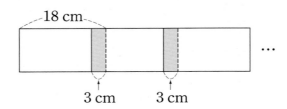

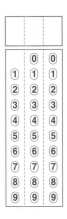

**14** ★에 알맞은 수는 얼마입니까?

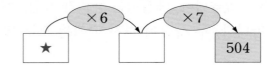

**15** 민정이는 명절에 시골에 내려가 친척들과 과녁 맞히기 놀이를 하였습니다. 2회 동안 얻은 점수는 모두 몇 점인지 구하시오.

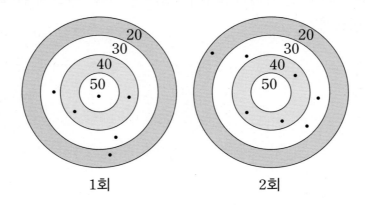

1회　　　　　　　　2회

**16** 같은 숫자가 적힌 카드 3장으로 곱셈식을 만들었더니 다음과 같았습니다. 카드의 숫자는 얼마입니까?

$$\begin{array}{r} \square\square \\ \times\ \ \square \\ \hline 5\ \ 3\ \ 9 \end{array}$$

**17** 다음과 같이 수를 써 나갈 때, 85번째에 놓이는 수는 얼마입니까?

| 첫 번째 | 두 번째 | 세 번째 | 네 번째 | ⋯ | 85번째 |
|---|---|---|---|---|---|
| 5 | 12 | 19 | 26 | ⋯ | |

**18** 길가에 35 m 간격으로 가로등이 9개 서 있습니다. 처음 가로등부터 마지막 가로등까지의 거리는 몇 m입니까? (단, 가로등의 두께는 생각하지 않습니다.)

**19** 한별이의 나이는 11살이고, 삼촌의 나이는 한별이의 나이의 2배보다 3살이 더 많습니다. 아버지의 연세는 한별이와 삼촌의 나이를 합한 것의 2배보다 23살이 더 적습니다. 아버지의 연세는 몇 세입니까?

**20** 어떤 수에 6을 곱한 다음 4를 더해야 하는데 잘못하여 6과 4를 곱한 다음 어떤 수를 더했더니 답이 70이 되었습니다. 바르게 계산한 값은 얼마입니까?

교과서 심화 과정

**21** 한 자리 수와 두 자리 수가 있습니다. 이 두 수의 합은 49이고, 이 두 수의 곱은 258입니다. 이 두 수의 차를 구하시오.

**22** 어떤 수에 36을 더한 값은 어떤 수에 7을 곱한 값과 같습니다. 어떤 수에 12를 곱하면 얼마가 됩니까?

**23** 그림과 같이 한 변의 길이가 9 cm인 정사각형 모양의 타일 15장을 한 줄로 늘어놓았습니다. 만들어진 직사각형의 네 변의 길이의 합은 몇 cm입니까?

**24** 규칙을 찾아 ㉠에 알맞은 수를 구하시오.

| 3 | 6 | 12 | 24 | 48 | 96 |
|---|---|----|----|----|----|
| 9 | 18 | 36 | 72 | 144 | |

16

㉠

**25** □ 안의 숫자는 모두 같은 숫자일 때 □ 안에 알맞은 숫자는 무엇입니까?

$$2\square \times \square \times \square = 93\square$$

창의 사고력 도전 문제

**26** □ 안에 들어갈 수 있는 자연수는 모두 122개입니다. ㉠에 알맞은 수는 얼마입니까?

$$43 \times ㉠ < \square < 28 \times 9$$

**27** 다음의 조건을 만족하는 세 수 ㉠, ㉡, ㉢이 있습니다. ㉠+㉡+㉢의 값은 얼마입니까?

조건
㉠+㉡=84
㉠÷㉡÷㉢=4
㉠÷㉡×㉢=100

**28** 다음 그림에서 ○ 안의 수는 그 양끝의 □ 안에 있는 두 수의 곱과 같습니다. ㉺에 알맞은 수는 얼마입니까?

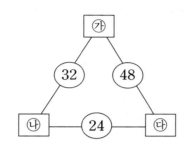

**29** 가 * 나＝(5×가)÷(3×나)와 같이 계산할 때, □ 안에 알맞은 수는 얼마입니까?

> □ * 6＝5

**30** 유승이네 학교 3학년 학생들이 체육관에 모여서 한 줄에 13명씩 22줄을 섰더니 3명이 남았습니다. 이 학생들이 정사각형 모양처럼 한 줄에 ☆명씩 ☆줄로 다시 섰더니 남는 학생이 없었습니다. ☆은 얼마인지 구하시오.

교과서 기본 과정

**01** 효근이의 한 뼘의 길이는 12 cm입니다. 뼘으로 리본의 길이를 재었더니 3뼘이었습니다. 리본의 길이는 몇 mm입니까?

**02** 석기는 36 km만큼 떨어져 있는 할머니 댁에 27 km 500 m는 기차를 타고 갔고, 나머지는 버스를 타고 갔습니다. 버스를 타고 간 거리를 ㉠ km ㉡ m라고 할 때, ㉠+㉡의 값을 구하시오.

**03** 그림에서 (가)의 길이를 ㉠ cm ㉡ mm라고 할 때, ㉠+㉡의 값을 구하시오.

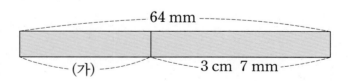

64 mm
(가)    3 cm 7 mm

**04** 직사각형의 가로와 세로의 길이의 차는 몇 mm입니까?

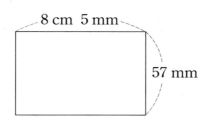

8 cm 5 mm

57 mm

**05** 정사각형과 세 변의 길이가 같은 삼각형이 있습니다. 정사각형의 둘레의 길이는 삼각형의 둘레의 길이보다 몇 mm 더 깁니까?

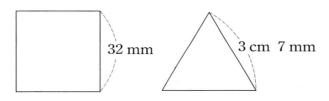

32 mm

3 cm 7 mm

**06** 주영이와 강호의 대화를 읽고 강호의 필통의 길이는 몇 mm인지 구하시오.

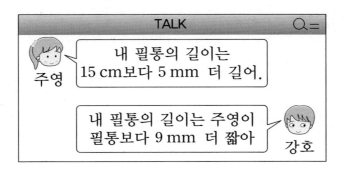

TALK

주영
내 필통의 길이는
15 cm보다 5 mm 더 길어.

내 필통의 길이는 주영이
필통보다 9 mm 더 짧아
강호

**07** 5시 18분에서 3시간 55분 후의 시각을 ㉠시 ㉡분이라고 할 때, ㉠＋㉡의 값을 구하시오.

**08** 다음을 계산하여 ㉠＋㉡＋㉢의 값을 구하시오.

$$
\begin{array}{r}
3시\ 57분\ 46초 \\
+\quad 4분\ 30초 \\
\hline
㉠시\ ㉡분\ ㉢초
\end{array}
$$

**09** 다음을 계산하여 ㉠＋㉡＋㉢의 값을 구하시오.

12시 23분－6시 47분 35초

＝ ㉠ 시간 ㉡ 분 ㉢ 초

**10** 버스가 부산을 출발하여 1시간 45분 30초 동안 달려서 대구에 도착하였습니다. 도착한 시각이 4시 20분 15초였다면, 버스가 부산을 출발한 시각은 ㉠시 ㉡분 ㉢초입니다. 이때, ㉠+㉡+㉢의 값을 구하시오.

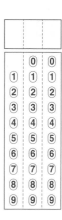

교과서 응용 과정

**11** 집에서 우체국을 가는 데 가장 가까운 길과 가장 먼 길의 거리의 차는 몇 m입니까?

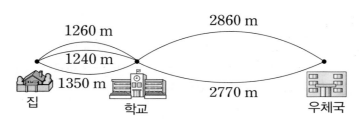

1260 m
1240 m
1350 m
2860 m
2770 m
집  학교  우체국

**12** 길이가 22 cm인 색 테이프 4장을 이어 붙였습니다. 이어 붙일 때, 겹쳐진 부분이 9 mm라면 전체의 길이는 몇 mm입니까?

22 cm

**13** 그림에서 굵은 선의 길이는 몇 cm입니까?

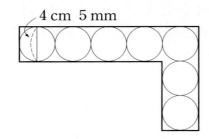

4 cm 5 mm

**14** 한솔이네 집에서 학교까지의 거리를 ㉠ km ㉡ m라고 할 때, ㉠+㉡의 값을 구하시오.

한솔이네 집   용희네 집   영수네 집   학교

379 m

981 m   1 km 37 m

**15** 정사각형을 똑같은 4개의 직사각형으로 나누었습니다. 정사각형의 한 변의 길이를 24 cm라고 하면 가장 작은 직사각형 한 개의 네 변의 길이의 합은 몇 mm입니까?

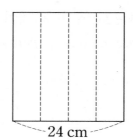

24 cm

**16** 지혜가 공부를 시작한 시각과 끝낸 시각을 나타낸 것입니다. 지혜가 공부한 시간을 ㉠시간 ㉡분 ㉢초라고 할 때, ㉠+㉡+㉢의 값을 구하시오.

시작한 시각   ➡   끝낸 시각

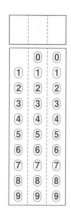

**17** 어느 날 낮의 길이는 10시간 40분 45초였습니다. 이 날 밤의 길이는 낮의 길이보다 ㉠시간 ㉡분 ㉢초가 더 길다고 할 때, ㉠+㉡+㉢의 값을 구하시오.

**18** 동생은 한 시간에 2 km 400 m를 가는 빠르기로 걷고 형은 한 시간에 3 km를 가는 빠르기로 걸었습니다. 형과 동생이 오후 2시에 동시에 같은 방향으로 출발하여 오후 3시 30분까지 걸었을 때 형은 동생보다 몇 m를 앞서 있겠습니까?

**19** 상연이와 예슬이의 대화를 읽고 오늘 낮의 길이는 몇 분인지 구하시오.

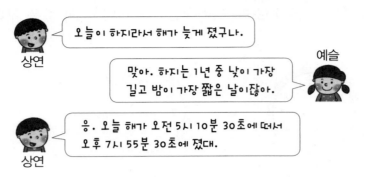

상연: 오늘이 하지라서 해가 늦게 졌구나.

예슬: 맞아. 하지는 1년 중 낮이 가장 길고 밤이 가장 짧은 날이잖아.

상연: 응. 오늘 해가 오전 5시 10분 30초에 떠서 오후 7시 55분 30초에 졌대.

**20** 오른쪽 시계의 시각에서 400초 후의 시각은 ㉠시 ㉡분 ㉢초입니다. 이때, ㉠+㉡+㉢의 값을 구하시오.

교과서 심화 과정

**21** 세 변의 길이가 모두 22 mm인 삼각형을 그림과 같이 붙여 놓으려고 합니다. 삼각형을 한 개 놓으면 둘레가 66 mm이고, 2개를 놓으면 88 mm, 3개를 놓으면 110 mm가 됩니다. 같은 방법으로 7개를 붙여 놓으면 둘레의 길이는 몇 mm가 됩니까?

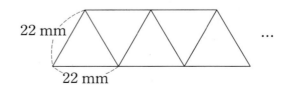

22 mm 22 mm ...

**22** 지혜는 엘리베이터를 타고 1층에서 37층까지 올라가려고 합니다. 1층에서 4층까지 올라가는 데 12초가 걸렸다면, 37층까지 올라가는 데는 몇 초가 걸리겠습니까? (단, 각 층마다 올라가는 데 걸리는 시간은 같고, 중간에 엘리베이터가 멈추지 않습니다.)

**23** 용산역에서 출발하는 기차 시각표입니다. 광주역에 오후 5시까지 도착하려면, 용산역에서 늦어도 ㉠시 ㉡분에 출발하는 기차를 타야 합니다. 이때, ㉠＋㉡의 값을 구하시오.

| 도착역 / 출발 시각 | 수원 | 천안 | 대전 | 익산 | 광주 |
|---|---|---|---|---|---|
| 09 : 12 | 09 : 41 | 10 : 16 | 11 : 04 | 12 : 06 | |
| 10 : 26 | 10 : 55 | | 12 : 18 | | 14 : 38 |
| 10 : 55 | 11 : 24 | | | 13 : 49 | |

**24** 길이가 2 cm, 4 cm, 6 cm, 8 cm인 막대가 한 개씩 있습니다. 이 막대들을 이용하여 잴 수 있는 길이는 모두 몇 가지입니까?

**25** 일정한 간격으로 바둑판 모양의 길이 나 있습니다. 굵은 선의 길이를 ⊙ km ⓒ m라고 할 때, ⊙＋ⓒ의 값을 구하시오.

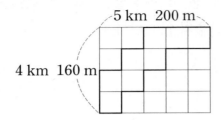

5 km 200 m

4 km 160 m

창의 사고력 도전 문제

**26** 연못 속에 긴 막대를 수직으로 넣었다 꺼냈더니 1 m 36 cm만큼 물이 묻었습니다. 이어서 막대의 반대쪽을 수직으로 연못 속에 넣었다 꺼냈더니 물이 묻지 않은 부분이 59 cm였습니다. 이 막대의 전체 길이는 몇 cm입니까?

**27** 왕눈이, 초록이, 파랑이, 올망이, 주황이 5마리의 개구리가 '멀리 뛰기 대회'를 했더니 그 결과는 다음과 같았습니다. 올망이와 파랑이가 뛴 거리의 합은 몇 cm입니까?

(1) 5마리의 개구리는 각각 35 cm, 50 cm, 55 cm, 60 cm, 70 cm를 뛰었습니다.
(2) 초록이는 올망이와 왕눈이보다 멀리 뛰었지만 파랑이만큼 멀리 뛰지 못했습니다.
(3) 주황이는 왕눈이가 뛴 거리의 2배만큼 뛰었습니다.

**28** 어느 역에서 놀이동산으로 가는 순환버스가 15분 30초 간격으로 출발한다고 합니다. 첫차가 6시 25분 30초에 출발했다면 10번째 순환버스가 출발한 시각은 ㉠시 ㉡분입니다. 이때 ㉠＋㉡의 값을 구하시오.

**29** 다음은 학생들의 키를 비교한 것입니다. 키가 가장 큰 사람과 가장 작은 사람의 키의 차는 몇 cm입니까?

> • 수지는 하은이보다 5 cm 더 크고, 하은이는 미나보다
>   7 cm 더 작습니다.
> • 미나는 은섭이보다 6 cm 더 크고, 은섭이는 수강이보다
>   6 cm 더 큽니다.
> • 수강이는 미진이보다 4 cm 더 크고, 미진이가 45 cm 더 크면
>   1m 70 cm가 됩니다.

**30** 상연이는 롯데타워를 걸어서 올라갔습니다. 1층부터 계단을 올라가는데 5층씩 올라간 후 2분씩 쉬었습니다. 한 층을 올라가는데 30층까지는 6초씩, 60층까지는 7초씩, 90층까지는 8초씩, 123층까지는 9초씩 걸렸다면 123층까지 올라가는 데 걸린 시간은 모두 ㉠분 ㉡초입니다. 이때, ㉠＋㉡의 값을 구하시오.

교과서 기본 과정

**01** 다음은 754-367의 계산 과정을 나타낸 것입니다. 14 는 실제로 얼마를 나타냅니까?

$$
\begin{array}{r}
\boxed{6}\ \boxed{14}\ \boxed{10} \\
7\ \ 5\ \ 4 \\
-\ 3\ \ 6\ \ 7 \\
\hline
3\ \ 8\ \ 7
\end{array}
$$

**02** 부산에서 제주도로 가는 여객선에 남자 546명, 여자 325명이 탔습니다. 배에 탄 남자는 배에 탄 여자보다 몇 명 더 많습니까?

**03** 길이가 20 cm인 끈을 모두 사용하여 직사각형을 만들었습니다. 가로가 6 cm이면 세로는 몇 cm입니까?

**04** 정사각형을 직사각형이라고 할 수 있는 이유는 다음 중 무엇과 관계가 있습니까?

① 변의 길이      ② 각의 크기      ③ 꼭짓점의 수
④ 각의 수        ⑤ 변의 수

**05** 다음 중 몫이 가장 큰 것은 어느 것입니까?

① $25 \div 5$      ② $64 \div 8$      ③ $42 \div 6$
④ $63 \div 7$      ⑤ $54 \div 9$

**06** 다음 중 $24 \div 4$의 식으로 풀 수 있는 문제는 어느 것입니까?

① 24명에게 사탕을 4개씩 주려면 사탕은 모두 몇 개 필요합니까?
② 빵 24개를 어린이 4명이 똑같게 나누어 가지면 한 사람이 몇 개씩 가지게 됩니까?
③ 구슬이 24개 있습니다. 한 개에 4원이라면 구슬값은 모두 얼마입니까?
④ 길이가 24 m인 끈이 있습니다. 이 끈에서 4 m를 잘라내면 몇 m가 남습니까?
⑤ 공책이 24권 있습니다. 4권이 더 있으면 공책은 모두 몇 권입니까?

**07** 형의 나이는 14살이고, 동생은 형보다 2살이 더 적습니다. 아버지의 연세는 동생의 나이의 4배보다 6살이 더 적습니다. 아버지의 연세를 구하시오.

**08** 1부터 9까지의 수 중에서 □ 안에 들어갈 수 있는 수를 모두 찾아 합을 구하시오.

$$30 \times \square < 200$$

**09** 집에서 도서관까지 가는 길을 나타낸 것입니다. 집에서 도서관까지 바로 가는 길은 집에서 우체국을 거쳐 도서관까지 가는 길보다 몇 m 더 가깝습니까?

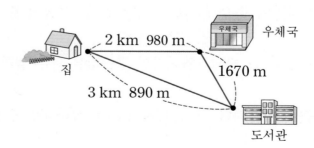

**10** 주환이네 가족이 여행을 하였는데, 어제 오전 10시에 출발하여 오늘 오후 5시에 돌아왔습니다. 주환이네 가족은 몇 시간 동안 여행을 했습니까?

교과서 응용 과정

**11** □ 안에 들어갈 수 있는 수 중 가장 작은 자연수를 구하시오.

$$148+53<42+\square$$

**12** 다음 그림에서 은행에서 파출소까지의 거리는 952 m입니다. 우체국에서 학교까지의 거리는 몇 m입니까?

**13** 5개의 점 중에서 2개의 점을 이어 그을 수 있는 직선은 모두 몇 개입니까?

**14** 다음 그림에서 찾을 수 있는 크고 작은 사각형은 모두 몇 개입니까?

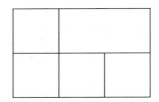

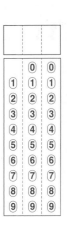

**15** 준섭이는 매일 똑같은 양을 읽어 56쪽의 동화책을 1주일 동안에 모두 읽었습니다. 이와 같은 빠르기로 읽는다면 40쪽의 동화책은 며칠만에 모두 읽겠습니까?

**16** 다음 식에서 ■에 알맞은 수는 얼마입니까?

$$■ \div 7 = ● \qquad ● \div 2 = 4$$

**17** 효근이가 지금까지 모아 놓은 폐휴지를 1상자에 500원씩 팔아서 400원짜리 공책을 몇 권 샀더니 남은 돈이 하나도 없었습니다. 효근이가 판 폐휴지가 가장 적은 경우는 몇 상자를 팔았을 때입니까?

**18** 어느 공장에서 연필을 1분 동안 ㉮기계에서는 18자루, ㉯기계에서는 15자루를 만들 수 있습니다. 1시간 30분 동안 쉬지 않고 두 기계에서 만들 수 있는 연필 수의 차는 몇 자루입니까?

**19** 도연이는 미술 시간에 길이가 10 cm 7 mm인 종이테이프 3장을 겹쳐진 부분이 4 mm가 되도록 한 줄로 길게 이어 붙였습니다. 이어 붙인 종이테이프의 전체 길이는 몇 mm인지 구하시오.

10 cm 7 mm

4 mm

**20** 다음은 학생들의 키를 비교한 것입니다. 키가 가장 큰 사람과 가장 작은 사람의 키의 차는 몇 cm입니까?

- 현우는 미송이보다 3 cm 더 크고, 미송이는 동일이보다 8 cm 더 작습니다.
- 동일이는 재혁이보다 6 cm 더 크고, 재혁이는 학주보다 5 cm 더 큽니다.
- 학주는 72 cm만 더 크면 2 m가 됩니다.

교과서 심화 과정

**21** 6장의 숫자 카드 0, 1, 3, 4, 6, 9를 뒤집어 놓았습니다. 이 숫자 카드를 혜경이와 미정이가 각자 3장씩 가지고 가서 세 자리 수를 만들려고 합니다. 혜경이와 미정이가 만든 수의 차가 가장 작을 때 그 차는 얼마입니까?

**22** 다음과 같이 원의 둘레에 같은 간격으로 6개의 점을 찍었습니다. 3개의 점을 연결하여 직각삼각형을 만든다면 모두 몇 개를 만들 수 있습니까?

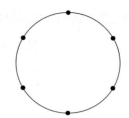

**23** 긴 끈과 짧은 끈이 있습니다. 긴 끈은 짧은 끈보다 36 cm 더 길고, 두 끈의 길이의 합은 72 cm입니다. 긴 끈의 길이는 짧은 끈의 길이의 몇 배입니까?

**24** 다음과 같은 규칙으로 점을 찍었습니다. 일곱 번째에는 모두 몇 개의 점을 찍어야 합니까?

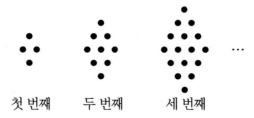

첫 번째        두 번째        세 번째

**25** 오른쪽 그림과 같이 시계의 두 바늘이 직각을 이루는
경우가 있습니다. 정오부터 그 날 오후 6시까지 이런
경우는 모두 몇 번 일어납니까?

창의 사고력 도전 문제

**26** 다음을 보고 ■＋▲를 구하시오.

- ■, ●, ▲는 각각 세 자리 수입니다.
- ■는 ●보다 295 더 큽니다.
- ●와 ▲의 합은 648입니다.

**27** 다음 그림의 점들은 가로, 세로가 일정한 거리만큼 떨어져 있습니다.
이 점들을 꼭짓점으로 하는 정사각형을 그릴 때, 그릴 수 있는 정사각
형은 모두 몇 개입니까?

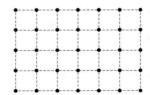

**28** 가♥나＝(6×가)÷(2×나)와 같이 계산할 때, □ 안에 알맞은 수를 구하시오.

$$\boxed{\phantom{0}}♥5=3$$

**29** 두 수 ☆과 ♡가 있습니다. 두 수를 더하면 56이고 ☆을 ♡로 나누면 나누어떨어지고, 몫은 6이 됩니다. ☆은 어떤 수입니까?

**30** 길이가 450 cm인 굵은 통나무를 50 cm씩 9도막으로 자르려고 합니다. 한 번 자르는 데 12분이 걸리고, 한 번 자른 후에는 3분씩 쉬었다가 자릅니다. 이 통나무를 자르기 시작한 시각이 9시 12분이고, 9도막으로 잘랐을 때의 시각을 ㉠시 ㉡분이라고 할 때 ㉠＋㉡의 값을 구하시오.

**01** 다음 계산에서 ㉠, ㉡의 1이 실제로 나타내는 수의 합을 구하시오.

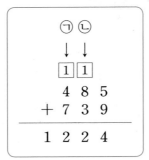

**02** 다음 뺄셈식에서 □ 안에 알맞은 숫자를 구하시오.

$$
\begin{array}{ccc}
 & 5 & 1 & 4 \\
- & 1 & \square & 9 \\
\hline
 & 3 & 4 & 5 \\
\end{array}
$$

**03** 철사가 28 cm 있습니다. 이 철사를 모두 사용하여 정사각형을 만들려고 합니다. 이때, 정사각형의 한 변의 길이는 몇 cm입니까?

**04** 다음 수직선에서 찾을 수 있는 선분은 모두 몇 개입니까?

ㄱ　　　ㄴ　　　ㄷ　　　ㄹ

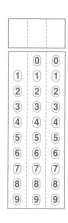

**05** 정사각형 **가**의 네 변의 길이의 합은 24 cm이고, 정사각형 **나**의 네 변의 길이의 합은 12 cm입니다. 정사각형 **가**의 한 변의 길이는 정사각형 **나**의 한 변의 길이보다 몇 cm 더 깁니까?

**06** 아버지께서 퇴근길에 귤을 16개 사 오셨는데 어머니께서도 귤을 38개 사 오셨습니다. 이 귤을 6명이 똑같게 나누어 먹는다면 한 사람은 몇 개씩 먹게 됩니까?

**07** 다음 대화를 읽고 한초는 구슬을 몇 개 가지고 있는지 구하시오.

> **석기** : 나는 구슬을 10개 가지고 있어.
> **지혜** : 나는 석기가 가지고 있는 구슬 수의 3배를 가지고 있어.
> **한초** : 나는 지혜가 가지고 있는 구슬 수의 4배를 가지고 있어.

**08** 바르게 나타낸 것은 어느 것입니까?

① 60 mm＝600 cm
② 30 cm＝3 mm
③ 390 mm＝3 cm 9 mm
④ 2600 m＝2 km 600 m
⑤ 4000 km＝4 m

**09** 테이프를 두 도막으로 잘라 길이를 재었더니 그림과 같았습니다. 테이프를 자르기 전의 길이는 몇 mm입니까?

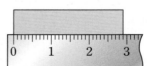

**10** 효근이는 운동을 90분 동안 하였습니다. 운동을 끝낸 후 시계를 보니 4시 24분이었습니다. 효근이가 운동을 시작한 시각은 ㉠시 ㉡분일 때 ㉠+㉡의 값을 구하시오.

[답란: 0~9 숫자 마킹 표]

**교과서 응용 과정**

**11** 다음 그림과 같이 흰색 테이프와 검은색 테이프를 이어 붙였습니다. 겹쳐진 부분의 길이가 128 cm일 때, ㉮는 몇 cm입니까?

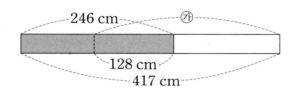

246 cm    ㉮
128 cm
417 cm

[답란: 0~9 숫자 마킹 표]

**12** 다음과 같이 합이 1021이고, 차가 463인 두 수가 있습니다. 두 수 중 작은 수를 구하시오.

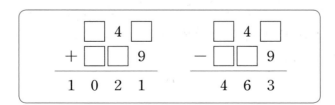

[답란: 0~9 숫자 마킹 표]

**13** 오른쪽 도형에서 찾을 수 있는 직각은 모두 몇 개입니까?

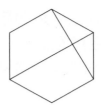

**14** 가로가 15 cm이고 세로가 6 cm인 직사각형이 있습니다. 이 직사각형을 잘라서 한 변의 길이가 3 cm인 정사각형을 모두 몇 개까지 만들 수 있습니까?

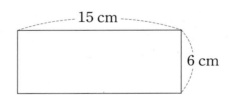

**15** 운동회 때 소영이네 반 학생들은 한 모둠에 8명씩 달리기를 하였습니다. 각 모둠에서 1등, 2등, 3등을 한 학생들에게 오른쪽과 같이 상품을 주기로 하였습니다. 모두 32명이 뛰었다면, 공책은 모두 몇 권이 필요합니까?

- 1등 : 공책 5권
- 2등 : 공책 3권
- 3등 : 공책 1권

**16** 어떤 수를 8로 나누어야 할 것을 잘못하여 7로 나누었더니 몫이 8이 되었습니다. 바르게 계산하면 몫은 얼마입니까?

**17** □는 0이 아닌 같은 수를 나타냅니다. 계산 결과가 가장 큰 것은 어느 것입니까?

① $(\square \times 3) + \square + \square$       ② $\square \times 5$

③ $(\square \times 8) - \square$       ④ $(\square \times 9) - (\square \times 5)$

⑤ $(\square \times 2) + (\square \times 4)$

**18** □ 안에는 같은 수가 들어갑니다. 1에서 9까지의 수 중에서 □ 안에 알맞은 수는 얼마입니까?

$$\square + 24 = \square \times 7$$

**19** 다음은 진희와 경주가 키를 비교하면서 나눈 대화입니다. 진희의 키는 몇 cm입니까?

> **진희** : 경주야! 나는 너보다 2 cm 더 크다.
> **경주** : 그래? 너는 생각보다 키가 크구나. 나는 민호보다 4 cm 더 큰데 말이야.
> **진희** : 그럼, 민호의 키가 가장 작네. 민호의 키는 얼마인데?
> **경주** : 민호의 키는 1 m 29 cm야.

**20** KTX 열차가 어느 지역을 출발한 시각과 목적지에 도착한 시각을 나타낸 것입니다. 열차가 출발하여 도착지까지 가는데 걸린 시간은 ㉠시간 ㉡분 ㉢초일 때, ㉠+㉡+㉢의 값을 구하시오.

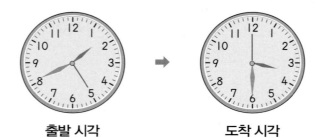

출발 시각 ➡ 도착 시각

교과서 심화 과정

**21** 다음 표는 덕희가 예금한 돈과 찾은 돈을 나타낸 것입니다. 이 표에서 26일에 찾은 돈은 얼마입니까?

| 날짜 | 예금한 돈 | 찾은 돈 | 남은 돈 |
|---|---|---|---|
| 9일 | 380 | 0 | 380 |
| 18일 | 260 | 0 | 640 |
| 26일 | 0 | □ | |
| 30일 | 380 | 0 | 820 |

**22** 크기가 같은 정사각형 12개를 겹치지 않게 이어 붙여서 다음과 같은 도형을 만들었습니다. 굵은 선으로 둘러싸인 도형의 둘레의 길이가 48 cm일 때, 작은 정사각형의 한 변의 길이는 몇 cm입니까?

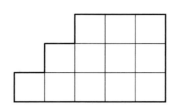

**23** 어떤 수 ■를 6으로 나누었더니 몫이 ★이 되었고, ★을 4로 나누었더니 몫이 3이 되었습니다. 어떤 수 ■를 9로 나눈 몫은 얼마입니까?

**24** 다음 5장의 숫자 카드 중 3장을 골라 한 번씩 사용하여 곱이 가장 크게 되는 (두 자리 수)×(한 자리 수)의 곱셈식을 만들 때, 곱 ㉠은 얼마입니까?

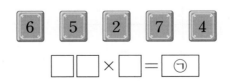

**25** 길이가 100 cm인 끈을 3도막으로 나누려고 합니다. 가장 긴 끈은 둘째로 긴 끈보다 5 cm가 더 길고, 가장 짧은 끈은 둘째로 긴 끈보다 10 cm 짧게 만들려고 합니다. 가장 긴 끈은 몇 cm로 하면 되겠습니까?

| | | |
|---|---|---|
| ⓪ | ⓪ | ⓪ |
| ① | ① | ① |
| ② | ② | ② |
| ③ | ③ | ③ |
| ④ | ④ | ④ |
| ⑤ | ⑤ | ⑤ |
| ⑥ | ⑥ | ⑥ |
| ⑦ | ⑦ | ⑦ |
| ⑧ | ⑧ | ⑧ |
| ⑨ | ⑨ | ⑨ |

창의 사고력 도전 문제

**26** 각 자리 숫자의 합이 16인 세 자리 수 ◆8♣가 있습니다. 이 수와 이 수의 백의 자리 숫자와 일의 자리 숫자를 바꾼 수 ♣8◆의 차를 구하였더니 396이었습니다. 세 자리 수 ◆8♣는 얼마입니까?

(단, ◆은 ♣보다 큰 수입니다.)

| | | |
|---|---|---|
| ⓪ | ⓪ | ⓪ |
| ① | ① | ① |
| ② | ② | ② |
| ③ | ③ | ③ |
| ④ | ④ | ④ |
| ⑤ | ⑤ | ⑤ |
| ⑥ | ⑥ | ⑥ |
| ⑦ | ⑦ | ⑦ |
| ⑧ | ⑧ | ⑧ |
| ⑨ | ⑨ | ⑨ |

**27** 다음 도형에서 ★을 포함하는 크고 작은 직사각형은 모두 몇 개입니까?

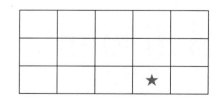

| | | |
|---|---|---|
| ⓪ | ⓪ | ⓪ |
| ① | ① | ① |
| ② | ② | ② |
| ③ | ③ | ③ |
| ④ | ④ | ④ |
| ⑤ | ⑤ | ⑤ |
| ⑥ | ⑥ | ⑥ |
| ⑦ | ⑦ | ⑦ |
| ⑧ | ⑧ | ⑧ |
| ⑨ | ⑨ | ⑨ |

**28** ㉠과 ㉡에 알맞은 수의 합을 구하시오.

$$㉠-㉡=30, \quad ㉠÷㉡=7$$

**29** 오른쪽 곱셈표에서 색칠된 칸에는 1에서 9까지의 수 중 어떤 수가 들어갑니다. 색칠된 칸에 알맞은 수를 구하여 곱셈표를 완성할 때, ㉤에 들어갈 수는 얼마입니까?

| × | | | | |
|---|---|---|---|---|
| | | | | 72 |
| | 12 | 6 | 21 | |
| | 24 | | | |
| | | | ㉤ | 45 |

**30** 보기1 과 같은 정사각형 모양의 길이 있습니다. 조건 에 알맞게 지나간 길을 보기2 와 같이 그리려고 합니다. 보기2 에서 지나간 거리가 14 m라 할 때, 지나간 거리가 16 m인 길은 모두 몇 가지 그릴 수 있습니까?

조건
- ㉤는 출발점이면서 도착점입니다.
- ㉤에서 → 방향으로 출발합니다.
- 주어진 6개의 점을 모두 지나야 합니다.
- 한 번 지나간 길은 다시 지날 수 없습니다.
- 모든 점은 한 번만 지나야 합니다.

**01** ㉠과 ㉡에 알맞은 숫자들의 합을 구하시오.

$$
\begin{array}{r}
5\ 7\ \boxed{㉠} \\
+\ 2\ 8\ 9 \\
\hline
\boxed{㉡}\ 6\ 3
\end{array}
$$

**02** 석영이네 과수원에서 사과를 594개, 배를 328개 땄습니다. 이 중에서 사과와 배를 합하여 453개를 팔았다면, 남은 과일은 몇 개입니까?

**03** 다음 설명 중 옳지 <u>않은</u> 것을 모두 찾은 것은 어느 것입니까?

> ㉠ 직사각형의 네 변의 길이는 모두 같습니다.
> ㉡ 정사각형의 네 변의 길이는 모두 같습니다.
> ㉢ 정사각형에는 직각이 4개 있습니다.
> ㉣ 직각삼각형에는 직각이 2개 있습니다.

① ㉠, ㉡          ② ㉠, ㉢          ③ ㉠, ㉣
④ ㉢          ⑤ ㉢, ㉣

**04** 그림에서 선분은 반직선보다 몇 개 더 많습니까?

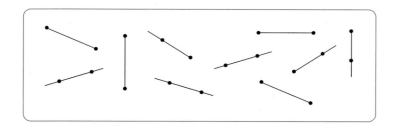

**05** 다음 조건을 모두 만족하는 수는 어떤 수입니까?

- 두 자리 수입니다.
- 9로 나누어집니다.
- 일의 자리 숫자에 3을 더하면 십의 자리 숫자와 같습니다.

**06** ㉠에 알맞은 수를 구하시오.

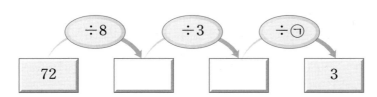

**07** □ 안에 알맞은 숫자를 찾아 합을 구하면 얼마입니까?

$$
\begin{array}{r}
\boxed{\phantom{0}}\ 2 \\
\times\ \boxed{\phantom{0}} \\
\hline
5\ 7\ 6
\end{array}
$$

**08** 사과가 한 상자에 42개씩 들어 있습니다. 4상자에 들어 있는 사과는 모두 몇 개입니까?

**09** 현종이의 키는 135 cm이고 아버지의 키는 1 m 71 cm입니다. 현종이가 아버지의 키와 같게 되려면 지금 키보다 몇 cm 더 자라야 합니까?

**10** 다음을 계산하여 ㉠+㉡+㉢의 값을 구하시오.

$$5\text{시} \quad 25\text{분} \quad 43\text{초}$$
$$- \ 3\text{시간} \ 31\text{분} \quad 51\text{초}$$

$$\boxed{㉠}\text{시} \ \boxed{㉡}\text{분} \ \boxed{㉢}\text{초}$$

교과서 응용 과정

**11** 어떤 수에서 163을 빼야 할 것을 잘못하여 더했더니 415가 되었습니다. 바르게 계산하면 얼마입니까?

**12** 다음 식의 ㉮, ㉯, ㉰에 들어갈 숫자를 한 번씩 사용하여 만들 수 있는 세 자리 수 중에서 가장 큰 수는 얼마입니까?

$$\begin{array}{r} 3\ 4\ 4 \\ +\ ㉮\ 8\ 7 \\ \hline 1\ 0\ 3\ 1 \end{array} \qquad \begin{array}{r} 9\ 2\ 7 \\ -\ ㉯\ 2\ 8 \\ \hline 3\ ㉰\ 9 \end{array}$$

**13** 직사각형 모양의 종이를 그림과 같이 접었습니다. 사각형 ㄱㄴㅂㅁ의 네 변의 길이의 합은 몇 cm입니까?

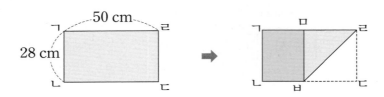

|  |  |  |
|---|---|---|
| | ⓪ | ⓪ |
| ① | ① | ① |
| ② | ② | ② |
| ③ | ③ | ③ |
| ④ | ④ | ④ |
| ⑤ | ⑤ | ⑤ |
| ⑥ | ⑥ | ⑥ |
| ⑦ | ⑦ | ⑦ |
| ⑧ | ⑧ | ⑧ |
| ⑨ | ⑨ | ⑨ |

**14** [그림 1]은 2개, [그림 2]는 3개의 직사각형을 이어 붙여 놓은 것입니다. 이와 같은 방법으로 12개의 직사각형을 이어 붙여 놓을 때, 찾을 수 있는 크고 작은 직사각형은 모두 몇 개입니까?

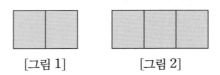

[그림 1]　　　　[그림 2]

|  |  |  |
|---|---|---|
| | ⓪ | ⓪ |
| ① | ① | ① |
| ② | ② | ② |
| ③ | ③ | ③ |
| ④ | ④ | ④ |
| ⑤ | ⑤ | ⑤ |
| ⑥ | ⑥ | ⑥ |
| ⑦ | ⑦ | ⑦ |
| ⑧ | ⑧ | ⑧ |
| ⑨ | ⑨ | ⑨ |

**15** 형우는 연필 16자루를 남기지 않고 친구들에게 똑같게 나누어 주려고 합니다. 나누어 주는 방법은 모두 몇 가지입니까? (단, 한 명보다 많은 친구들에게 나누어 줍니다.)

|  |  |  |
|---|---|---|
| | ⓪ | ⓪ |
| ① | ① | ① |
| ② | ② | ② |
| ③ | ③ | ③ |
| ④ | ④ | ④ |
| ⑤ | ⑤ | ⑤ |
| ⑥ | ⑥ | ⑥ |
| ⑦ | ⑦ | ⑦ |
| ⑧ | ⑧ | ⑧ |
| ⑨ | ⑨ | ⑨ |

**16** 오른쪽 놀이기구는 모두 8칸입니다. 1번 칸부터 빠짐없이 한 칸에 1명씩 순서대로 타려고 합니다. 민준이는 앞에서 75번째에 서 있다면 민준이는 몇 번 칸에 타게 됩니까?

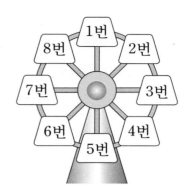

**17** 숫자 카드 중 2장을 뽑아 한 번씩만 사용하여 만들 수 있는 두 자리 수 중에서 가장 큰 수와 가장 작은 수의 차를 7배 한 수는 얼마입니까?

4  7  9  2

**18** 1분에 950 m를 가는 ㉮ 버스와 1분에 860 m를 가는 ㉯ 버스가 있습니다. ㉮ 버스와 ㉯ 버스가 동시에 같은 방향으로 출발하였다면, 8분 후에 ㉮ 버스는 ㉯ 버스보다 몇 m 앞서 있겠습니까?

**19** 다음 그림에서 ㉠에서 ㉣까지의 길이는 883 cm, ㉠에서 ㉢까지의 길이는 516 cm, ㉡에서 ㉣까지의 길이는 645 cm입니다. ㉡에서 ㉢까지의 길이는 몇 cm입니까?

```
├─────────┼─────────┼─────────┤
㉠         ㉡         ㉢         ㉣
```

**20** 시계가 가리키는 시각에서 7시간 35분 20초 전의 시각은 오전 ㉠시 ㉡분 ㉢초입니다. 이때 ㉠＋㉡＋㉢의 값을 구하시오.

교과서 심화 과정

**21** 어떤 세 자리 수가 있습니다. 이 수의 백의 자리 숫자와 십의 자리 숫자를 바꾸었습니다. 바꾼 수에서 168을 뺐더니 783이 되었다면 처음 세 자리 수는 얼마입니까?

**22** 한 변의 길이가 2 cm인 정사각형이 여러 개 있습니다. 이 정사각형들의 변의 길이를 모두 합하면 가로가 20 cm, 세로가 16 cm인 직사각형의 네 변의 길이의 합과 같다고 합니다. 정사각형은 모두 몇 개 있습니까?

**23** 다음에서 설명하는 수를 모두 찾아 그 수들의 합을 구하시오.

- 두 자리 수입니다.
- 7로 똑같이 나눌 수 있습니다.
- 십의 자리 숫자와 일의 자리 숫자의 차이는 1입니다.
- 십의 자리 숫자는 일의 자리 숫자보다 큽니다.

**24** 보기를 보고 규칙에 맞게 다음을 계산하시오.

보기

$$3 ★ 5 = 13$$
$$6 ★ 9 = 51$$
$$9 ★ 4 = 41$$

$$23 ★ 4$$

**25** 그림과 같이 길이가 같은 색 테이프 3장을 3 cm씩 겹쳐 이었더니 그 길이가 69 cm였습니다. 이와 같은 방법으로 색 테이프 10장을 이으면 그 길이는 몇 cm입니까?

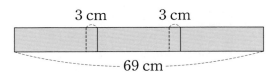

3 cm    3 cm
69 cm

창의 사고력 도전 문제

**26** 서로 다른 한 자리의 자연수 ☆과 ♡에 대하여 다음과 같은 덧셈식이 성립한다고 합니다. ☆♡☆ − ☆♡의 값은 얼마입니까?

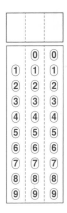

**27** ㉮와 ㉯의 가장 작은 사각형들은 같은 크기의 정사각형입니다. ㉮의 굵은 선의 길이가 40 cm라면, ㉯의 굵은 선의 길이는 몇 mm입니까?

**28** 어느 슈퍼마켓에서는 주스를 마시고 난 뒤 빈 주스병을 6개 가져오면 새 주스 1병과 바꾸어 준다고 합니다. 이 슈퍼마켓에서 주스를 55병 사면, 최대 몇 병의 주스를 마실 수 있습니까?

**29** 어느 달의 달력에서 일요일부터 토요일까지 7일 동안 날짜의 합이 154입니다. 이달의 두 번째 목요일은 며칠입니까?

**30** 다음과 같이 2 cm, 9 cm, 3 cm, 5 cm 길이의 막대가 각각 1개씩 있습니다. 이 막대를 이용하여 잴 수 있는 길이는 모두 몇 가지입니까?

2 cm     9 cm     3 cm     5 cm

🌸 부록에 있는 OMR 카드를 사용해 보세요.

교과서 기본 과정

**01** 다음 중 두 수의 차가 가장 큰 것은 어느 것입니까? (　　　　　)

① (643, 147)　　　　② (568, 483)　　　　③ (521, 604)

④ (659, 914)　　　　⑤ (728, 336)

**02** 수 카드에 적힌 두 수를 더했더니 815가 되었습니다. ㉠에 알맞은 수를 구하시오.

（　　　　　　　　　　）

**03** 오른쪽 그림과 같이 가로의 길이가 36 cm, 세로의 길이가 24 cm인 도화지로 한 변의 길이가 6 cm인 정사각형 모양의 카드를 만들려고 합니다. 카드는 모두 몇 장 만들 수 있습니까?

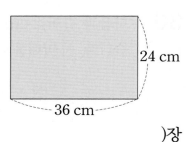

（　　　　　　　　）장

**04** 직각삼각형 ㉮의 세 변의 길이의 합과 정사각형 ㉯의 네 변의 길이의 합이 같습니다. 정사각형 ㉯의 한 변의 길이는 몇 cm입니까?

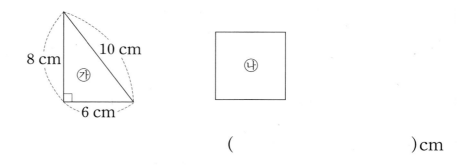

(          )cm

**05** 유승이네 반 학생 28명이 모둠별로 둥근 탁자에 앉아서 게임을 하려고 합니다. 4명이 한 모둠이라면, 둥근 탁자는 모두 몇 개 필요합니까?

(          )개

**06** 바둑돌 36개를 여러 묶음으로 똑같이 나누려고 합니다. 4묶음으로 나누면 한 묶음에 ㉠개씩, 6묶음으로 나누면 한 묶음에 ㉡개씩 담을 수 있습니다. 이때 ㉠＋㉡의 값을 구하시오.

(          )

**07** 태훈이는 민석이와 딱지놀이를 했습니다. 태훈이는 딱지를 한 봉지에 27개씩 6봉지를 가지고 있고, 민석이는 한 봉지에 24개씩 7봉지를 가지고 있습니다. 태훈이와 민석이가 가지고 있는 딱지는 모두 몇 개입니까?

(                 )개

**08** 한 대에 45명씩 탈 수 있는 버스 9대에 똑같게 나누어 탔더니 빈 자리가 6자리씩 남았습니다. 버스에 탄 사람은 모두 몇 명입니까?

(                 )명

**09** 자를 이용하여 테이프의 길이를 재려고 합니다. 테이프의 길이는 몇 cm입니까?

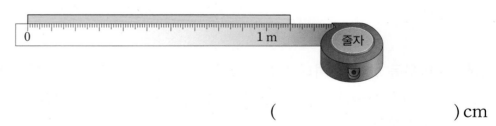

(                 ) cm

**10** 유승이네 꽃밭은 직사각형 모양이고, 이 꽃밭의 가로 길이는 6 m 38 cm, 세로 길이는 3 m 56 cm입니다. 가로와 세로 길이의 합은 몇 cm입니까?

(             ) cm

교과서 응용 과정

**11** 다음 식을 만족하는 ▲, ■, ●를 구하여 세 자리 수 ▲■●를 만들면 얼마입니까?

$$\begin{array}{r} 6\ 3\ \blacktriangle \\ +\ 4\ \blacksquare\ 7 \\ \hline 1\ \bullet\ 9\ 5 \end{array}$$

(             )

**12** 다음은 정수네 학교 3학년 학생들이 좋아하는 과일을 조사하여 나타낸 표입니다. 포도를 좋아하는 학생이 귤을 좋아하는 학생보다 18명 더 많다면, 귤을 좋아하는 학생은 몇 명입니까?

학생들이 좋아하는 과일

| 과일 | 배 | 포도 | 귤 | 딸기 | 합계 |
|---|---|---|---|---|---|
| 학생 수(명) | 118 | | | 64 | 288 |

(             )명

**13** 오른쪽 그림에서 사각형 ㄱㄴㅂㅁ, 사각형 ㅁㅅㅇㄹ, 사각형 ㅈㅊㄷㅇ은 정사각형입니다. 사각형 ㅅㅂㅊㅈ의 네 변의 길이의 합은 몇 cm입니까?

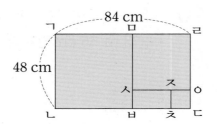

(              ) cm

**14** 오른쪽 그림에서 찾을 수 있는 크고 작은 직각삼각형은 모두 몇 개입니까?

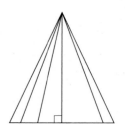

(              )개

**15** 한 상자 안에 호두과자가 5개씩 6줄로 들어 있습니다. 이 호두과자를 3상자 사서 옆집에 18개를 주고, 나머지를 9명의 친구들에게 똑같게 나누어 주려고 합니다. 친구 한 명에게 몇 개씩 나누어 주면 됩니까?

(              )개

**16** 같은 모양은 같은 수를 나타냅니다. ▲의 값은 얼마입니까?

$$■ + ▲ = 54, \quad ■ ÷ ▲ = 8$$

(               )

**17** 다음 조건을 만족하는 수를 모두 찾아 합을 구하면 얼마입니까?

- 두 자리 수입니다.
- 일의 자리 숫자는 십의 자리 숫자의 2배입니다.
- 8로 나누어집니다.

(               )

**18** 오른쪽 그림과 같이 선물을 포장하려고 합니다. 필요한 끈의 길이는 몇 cm입니까? (단, 매듭의 길이는 32 cm입니다.)

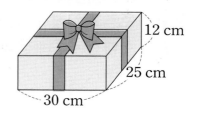

(             ) cm

**19** 길이가 1 m 28 cm인 테이프 3개를 아래 그림과 같이 겹쳐서 붙였습니다. 겹쳐서 붙인 테이프의 전체 길이는 몇 cm가 됩니까?

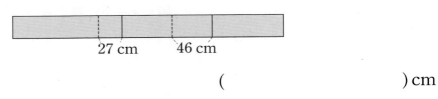

27 cm     46 cm

(              ) cm

**20** 어느 날 해뜨는 시각은 오전 5시 50분 30초이고, 해지는 시각은 오후 6시 24분 8초입니다. 낮의 길이는 밤의 길이보다 ㉠시간 ㉡분 ㉢초 길다고 할 때, ㉠＋㉡＋㉢의 값을 구하시오.

(              )

교과서 심화 과정

**21** 오른쪽 식에서 ㉠, ㉡, ㉢은 서로 다른 숫자를 나타냅니다. 이때 ㉠＋㉡＋㉢의 값을 구하시오.

(              )

$$\begin{array}{r} ㉠\ ㉡\ ㉠ \\ -\quad ㉢\ ㉠ \\ \hline ㉠\ ㉡ \end{array}$$

**22** 다음은 똑같은 크기의 정사각형 모양의 타일을 빈틈없이 깔면서 쌓아 올려 놓은 것을 위에서 본 모양입니다. 위에서 볼 때 보이지 않는 타일은 모두 몇 장입니까?

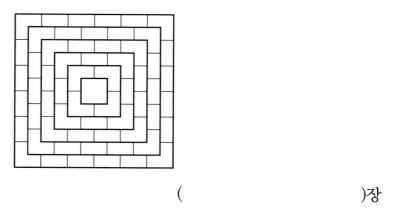

(             )장

**23** 연속하는 세 수의 합을 7로 나누면 몫은 9가 된다고 합니다. 연속하는 세 수 중 가장 작은 수는 얼마입니까?

(             )

**24** ㉮ 도로와 ㉯ 도로의 한쪽에 시작부터 끝까지 같은 간격으로 나무를 심었습니다. ㉮ 도로에는 36그루를 심고, ㉯ 도로에는 43그루를 심었습니다. 두 도로의 길이의 차가 70 m라면 ㉮ 도로의 길이는 몇 m입니까?

(             )m

**25** 가로 길이가 50 cm인 그림 4장을 가로 길이가 3 m인 알림판에 붙이려고 합니다. 알림판의 끝과 그림 사이, 그림과 그림 사이의 간격을 모두 같게 하려면 간격을 몇 cm로 해야 합니까?

(             ) cm

창의 사고력 도전 문제

**26** 세 자리 수가 있습니다. 이 수의 백의 자리 숫자와 십의 자리 숫자의 합은 8이고, 십의 자리 숫자와 일의 자리 숫자의 합은 5입니다. 이 조건을 만족하는 세 자리 수 중에서 각 자리 숫자의 합이 가장 큰 세 자리 수를 ㉮, 각 자리 숫자의 합이 가장 작은 세 자리 수를 ㉯라고 할 때, ㉮－㉯의 값을 구하시오.

(             )

**27** 길이가 1 cm, 2 cm, 3 cm, 4 cm, 5 cm, 6 cm, 7 cm, 8 cm인 굵기가 일정한 막대가 하나씩 있습니다. 이 중에서 몇 개를 사용하여 보기와 같이 정삼각형을 만들었습니다. 이와 같은 방법으로 막대를 사용하여 정사각형을 만든다면 크기가 서로 다른 정사각형은 모두 몇 가지를 만들 수 있습니까?

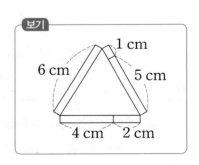

(             )가지

**28** 1부터 6까지 쓰여진 빨간색과 파란색 주사위가 한 개씩 있습니다. 이 두 주사위를 동시에 던졌을 때 나온 수의 합이 4로 나누어지는 경우는 모두 몇 가지입니까?

( )가지

**29** 올해 영수의 나이는 10살이고 형의 나이는 영수보다 4살이 더 많습니다. 올해 아버지의 연세는 영수와 형의 나이의 합을 2배 한 것보다 8살이 더 적습니다. 영수와 형의 나이의 합이 아버지의 연세와 같아지려면 몇 년이 더 지나야 합니까?

( )년

**30** 석기는 하루에 1시간 25분씩 독서를 하려고 합니다. 그러나 토요일과 일요일에는 평소보다 20분씩 독서 시간을 더 늘려서 했습니다. 석기가 3월 한 달 동안 독서한 시간을 ㉠시간 ㉡분이라고 할 때 ㉠+㉡의 값을 구하시오. (단, 3월 1일은 일요일입니다.)

( )

🌸 부록에 있는 OMR 카드를 사용해 보세요.

교과서 기본 과정

**01** 다음 덧셈식에서 □ 안에 알맞은 숫자는 무엇입니까?

$$
\begin{array}{r}
3\ 2\ 9 \\
+\ 9\ \square\ 3 \\
\hline
1\ 3\ 1\ 2
\end{array}
$$

(                  )

**02** 승욱이는 교실에서 정문까지 598걸음, 정문에서 문구점까지 225걸음을 걸었습니다. 모두 몇 걸음을 걸었습니까?

(                 )걸음

**03** 그림을 보고 <u>잘못</u> 설명한 것은 어느 것입니까? (         )

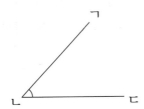

① 각 ㄱㄴㄷ 또는 각 ㄷㄴㄱ이라고 합니다.
② 점 ㄴ은 꼭짓점입니다.
③ 주어진 그림과 같은 각은 직각입니다.
④ 그림에서 두 반직선 ㄴㄱ, ㄴㄷ을 변이라고 합니다.

**04** 직사각형 모양의 종이를 한 번만 잘라서 가장 큰 정사각형을 만들려고 합니다. 만들 수 있는 가장 큰 정사각형의 네 변의 길이의 합은 몇 cm입니까?

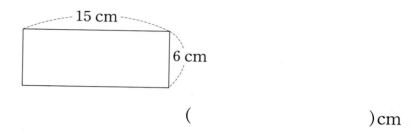

(             )cm

**05** 다음은 학생들이 한 봉지에 담은 초콜릿의 수를 식으로 나타낸 것입니다. 한 봉지에 들어 있는 초콜릿의 수가 가장 많은 학생은 누구입니까? (        )

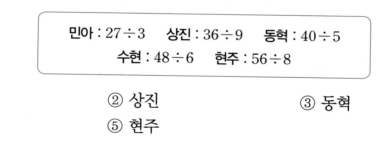

① 민아           ② 상진           ③ 동혁
④ 수현           ⑤ 현주

**06** 사탕이 한 봉지에 16개씩 들어 있습니다. 사탕 3봉지를 6사람에게 똑같이 나누어 주려고 합니다. 한 사람에게 몇 개씩 나누어 주면 됩니까?

(             )개

**07** 영수네 반 학생들은 도서관에 기증하려고 책을 모았습니다. 동화책은 52권씩 3상자를 모았고, 위인전은 29권씩 8상자를 모았습니다. 모은 책은 모두 몇 권입니까?

( )권

**08** 어떤 수에 8을 곱할 것을 잘못하여 8을 더했더니 105가 되었습니다. 바르게 계산하면 답은 얼마입니까?

( )

**09** 길이가 가장 긴 것은 어느 것입니까? ( )

① 8824 m ② 8 km 99 m ③ 8802 m
④ 8 km 830 m ⑤ 8090 m

**10** 지혜는 하루에 1시간 25분씩 독서를 합니다. 그러나 오늘은 독서를 12분 더 했다고 합니다. 오늘 지혜가 독서를 2시 40분에 시작했다면, 독서를 마친 시각은 ㉠시 ㉡분 입니다. 이때, ㉠+㉡의 값을 구하시오.

(               )

**11** 4장의 숫자 카드 중 3장을 골라 세 자리 수를 만들려고 합니다. 만든 두 수의 차가 가장 크게 될 때, 두 수의 차는 얼마입니까?

$$3 \quad 7 \quad 2 \quad 6$$

(               )

**12** 다음에 주어진 수 중에서 ☐ 안에 들어갈 두 수의 합은 얼마입니까?

314, 156, 583, 627, 720, 238

$$\boxed{\phantom{000}} - \boxed{\phantom{000}} = 389$$

(               )

**13** 한 변의 길이가 5 cm인 정사각형 6개를 다음과 같이 붙였습니다. 이때, 만들어진 도형에서 굵은 선의 길이는 몇 cm입니까?

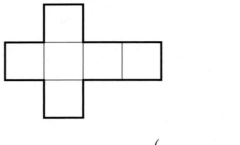

(             ) cm

**14** 다음 그림에서 찾을 수 있는 크고 작은 직각삼각형은 모두 몇 개입니까?

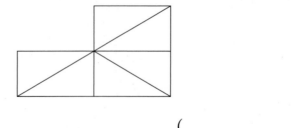

(             )개

**15** 곶감이 81개 있습니다. 이 중에서 18개는 어른 몫으로 남겨 두고 나머지 곶감을 어린이 9명이 똑같게 나누어 먹으려고 합니다. 어린이 한 명은 곶감을 몇 개씩 먹을 수 있습니까?

(             )개

**16** 다음을 보고 어떤 수를 구하시오.

> ㉠ 어떤 수의 6배는 40보다 큽니다.
> ㉡ 어떤 수의 9배는 80보다 작습니다.
> ㉢ 48을 어떤 수로 나눌 수 있습니다.

(                                             )

**17** 오른쪽 그림과 같이 6개의 변의 길이가 모두 같은 땅의 둘레에 4 m 간격으로 한 변에 16개씩 기둥을 세우려고 합니다. 이 땅의 둘레의 길이는 몇 m입니까? (단, 6개의 꼭짓점에는 반드시 기둥을 세웁니다.)

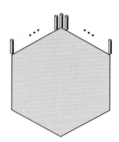

(                              ) m

**18** 다음 규칙에 따라 (6★4)+(9★5)를 계산한 값을 구하시오.

> 가★나＝(가×나)×(가－나)

(                                             )

**19** ㉮ 실내화의 길이는 21 cm 5 mm이고, ㉯ 실내화는 ㉮ 실내화보다 25 mm가 더 깁니다. ㉰ 실내화는 ㉯ 실내화보다 1 cm 5 mm가 더 짧을 때 ㉰ 실내화의 길이는 몇 mm입니까?

(                ) mm

**20** 하루에 4분 35초씩 늦게 가는 시계가 있습니다. 이 시계를 월요일 정오에 정확히 맞추어 놓으면 그 주 목요일 정오에는 ㉠시 ㉡분 ㉢초를 가리킵니다. 이때 ㉠+㉡+㉢의 값을 구하시오.

(                )

교과서 심화 과정

**21** □ 안의 수는 백의 자리와 일의 자리 숫자가 같은 세 자리 수입니다. 다음 식에서 두 수의 합이 800에 가장 가까운 수가 될 때, □ 안에 알맞은 수는 얼마입니까?

$$393 + \square$$

(                )

**22** 다음 그림은 한 면이 색칠된 직사각형 모양의 종이를 세 번 접은 것입니다. 세 번 접은 종이를 펴서 접은 선을 따라 모두 잘랐을 때, 잘려진 종이의 색칠된 면에서 찾을 수 있는 직각은 모두 몇 개입니까?

(                  )개

**23** 일정한 규칙으로 숫자가 쓰인 도형을 늘어놓을 때 36번째에 놓일 그림에서 쓰인 숫자와 변의 개수의 합을 구하시오.

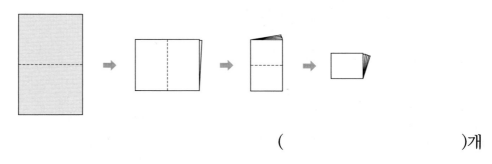

(                  )

**24** 아래 그림과 같이 바둑돌을 늘어놓았을 때, 16번째에는 몇 개의 바둑돌이 놓이게 됩니까?

첫 번째    두 번째    세 번째    네 번째

(                  )개

**25** 예슬이와 한별이가 놀이동산 매표소 앞에서 3시에 만나기로 하였습니다. 예슬이는 16분 40초 전에 매표소 앞에 도착하였고, 한별이는 예슬이가 도착한 후 22분 50초 후에 도착하였습니다. 한별이가 매표소 앞에 도착한 시각을 ㉠시 ㉡분 ㉢초라고 할 때 ㉠+㉡+㉢의 값을 구하시오.

( )

창의 사고력 도전 문제

**26** ○, ☆, ◇은 어떤 수를 나타냅니다. 아래에 있는 각각의 수는 각 줄에 있는 4개의 모형이 나타내는 수의 합입니다. ㉮에 들어갈 수는 얼마입니까? (단, 같은 모양은 같은 수를 나타냅니다.)

( )

| ○ | ◇ | ☆ | ☆ |
|---|---|---|---|
| ○ | ◇ | ☆ | ☆ |
| ☆ | ☆ | ◇ | ◇ |
| ◇ | ☆ | ☆ | ○ |
| 474 | 480 | ㉮ | 479 |
| ↑ | ↑ | ↑ | ↑ |
| 첫째 줄 | 둘째 줄 | 셋째 줄 | 넷째 줄 |

**27** 오른쪽 그림과 같이 가로와 세로의 길이가 각각 12 cm, 9 cm인 직사각형 모양의 종이를 점선을 따라 자르면 12개의 작은 직사각형이 만들어집니다. 12개의 직사각형 각각의 둘레의 길이의 합은 몇 cm입니까?

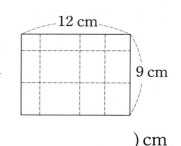

( ) cm

**28** 민서는 주어진 7장의 숫자 카드 중 4장을 골라 한 번씩만 사용하여 □□÷□＝□와 같은 나눗셈식을 만들려고 합니다. 만들 수 있는 나눗셈식은 몇 가지입니까?

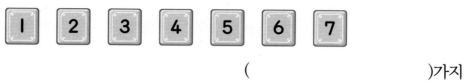

(              )가지

**29** 1부터 15까지의 15개의 수를 더하면 1＋2＋3＋⋯＋13＋14＋15＝120입니다. 다음과 같은 15개의 수의 합은 얼마입니까?

> 6＋7＋8＋9＋10＋⋯⋯＋18＋19＋20

(                )

**30** 어느 공장에서 기계 한 대가 10개의 장난감을 만드는 데 20분 50초가 걸린다고 합니다. 같은 종류의 5대의 기계를 이용하여 오전 9시 30분부터 같은 빠르기로 200개의 장난감을 만든다면 일이 끝나는 시각은 오전 ㉠시 ㉡분 ㉢초입니다. 이때 ㉠＋㉡＋㉢의 값을 구하시오.

(                )

Memo

# KMA 한국수학학력평가

학 교 명:

성 명:

현재 학년:     반:

| 번호 | 1번 | | | 2번 | | | 3번 | | | 4번 | | | 5번 | | | 6번 | | | 7번 | | | 8번 | | | 9번 | | | 10번 | | |
|------|---|---|---|---|---|---|---|---|---|---|---|---|---|---|---|---|---|---|---|---|---|---|---|---|---|---|---|---|---|---|
| 답란 | 백 | 십 | 일 | 백 | 십 | 일 | 백 | 십 | 일 | 백 | 십 | 일 | 백 | 십 | 일 | 백 | 십 | 일 | 백 | 십 | 일 | 백 | 십 | 일 | 백 | 십 | 일 | 백 | 십 | 일 |

**답표기란**

| 번호 | 11번 | | | 12번 | | | 13번 | | | 14번 | | | 15번 | | | 16번 | | | 17번 | | | 18번 | | | 19번 | | | 20번 | | |
|------|---|---|---|---|---|---|---|---|---|---|---|---|---|---|---|---|---|---|---|---|---|---|---|---|---|---|---|---|---|---|
| 답란 | 백 | 십 | 일 | 백 | 십 | 일 | 백 | 십 | 일 | 백 | 십 | 일 | 백 | 십 | 일 | 백 | 십 | 일 | 백 | 십 | 일 | 백 | 십 | 일 | 백 | 십 | 일 | 백 | 십 | 일 |

**답표기란**

| 번호 | 21번 | | | 22번 | | | 23번 | | | 24번 | | | 25번 | | | 26번 | | | 27번 | | | 28번 | | | 29번 | | | 30번 | | |
|------|---|---|---|---|---|---|---|---|---|---|---|---|---|---|---|---|---|---|---|---|---|---|---|---|---|---|---|---|---|---|
| 답란 | 백 | 십 | 일 | 백 | 십 | 일 | 백 | 십 | 일 | 백 | 십 | 일 | 백 | 십 | 일 | 백 | 십 | 일 | 백 | 십 | 일 | 백 | 십 | 일 | 백 | 십 | 일 | 백 | 십 | 일 |

**답표기란**

1. 모든 항목은 컴퓨터용 사인펜만 사용하여 보기와 같이 표기하시오.

보기) ① ● ③

※ 잘못된 표기 예시 : ⊘ ⊗ ⊙ ⊘

2. 수정시에는 수정테이프를 이용하여 깨끗하게 수정합니다.

3. 수험번호(1), 생년월일(2)란에는 감독 선생님의 지시에 따라 아라비아 숫자로 쓰고 해당란에 표기하시오.

4. 답란에는 아라비아 숫자를 쓰고, 해당란에 표기하시오.

※ OMR카드를 잘못 작성하여 발생한 성적 결과는 책임지지 않습니다.

---

**OMR 카드 답안작성 예시 1**

**한 자릿수**

예1) 답이 1 또는 선다형 답이 ①인 경우

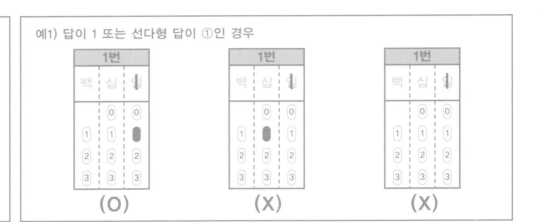

---

**OMR 카드 답안작성 예시 2**

**두 자릿수**

예2) 답이 12인 경우

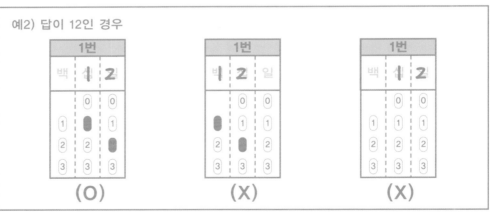

---

**OMR 카드 답안작성 예시 3**

**세 자릿수**

예3) 답이 230인 경우

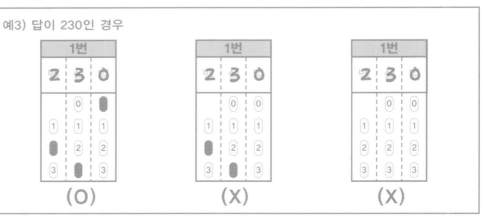

| 번호 | 1번 | 2번 | 3번 | 4번 | 5번 | 6번 | 7번 | 8번 | 9번 | 10번 |
|------|-----|-----|-----|-----|-----|-----|-----|-----|-----|------|
| 답란 | 백 십 일 | 백 십 일 | 백 십 일 | 백 십 일 | 백 십 일 | 백 십 일 | 백 십 일 | 백 십 일 | 백 십 일 | 백 십 일 |

| 번호 | 11번 | 12번 | 13번 | 14번 | 15번 | 16번 | 17번 | 18번 | 19번 | 20번 |
|------|------|------|------|------|------|------|------|------|------|------|
| 답란 | 백 십 일 | 백 십 일 | 백 십 일 | 백 십 일 | 백 십 일 | 백 십 일 | 백 십 일 | 백 십 일 | 백 십 일 | 백 십 일 |

| 번호 | 21번 | 22번 | 23번 | 24번 | 25번 | 26번 | 27번 | 28번 | 29번 | 30번 |
|------|------|------|------|------|------|------|------|------|------|------|
| 답란 | 백 십 일 | 백 십 일 | 백 십 일 | 백 십 일 | 백 십 일 | 백 십 일 | 백 십 일 | 백 십 일 | 백 십 일 | 백 십 일 |

답표기란

1. 모든 항목은 컴퓨터용 사인펜만 사용하여 보기와 같이 표기하시오.

   보기) ① ❶ ③

   ※ 잘못된 표기 예시 : ⊘ ⊗ ⊙ ⊘

2. 수정시에는 수정테이프를 이용하여 깨끗하게 수정합니다.

3. 수험번호(1), 생년월일(2)란에는 감독 선생님의 지시에 따라 아라비아 숫자로 쓰고 해당란에 표기하시오.

4. 답란에는 아라비아 숫자를 쓰고, 해당란에 표기하시오.

   ※ OMR카드를 잘못 작성하여 발생한 성적 결과는 책임지지 않습니다.

| OMR 카드<br>답안작성<br>예시 1<br><br>한 자릿수 | 예1) 답이 1 또는 선다형 답이 ①인 경우<br>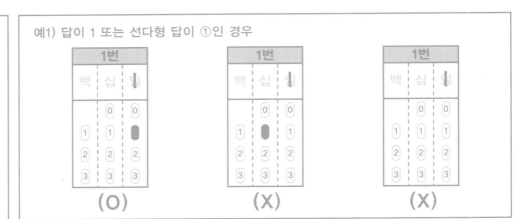 |
| --- | --- |

| OMR 카드<br>답안작성<br>예시 2<br><br>두 자릿수 | 예2) 답이 12인 경우<br>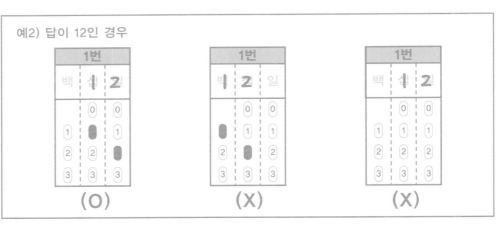 |
| --- | --- |

| OMR 카드<br>답안작성<br>예시 3<br><br>세 자릿수 | 예3) 답이 230인 경우<br>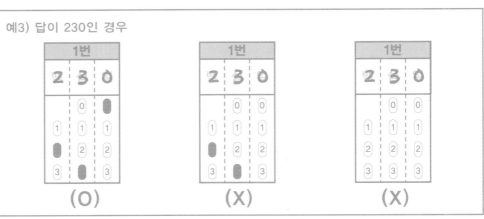 |
| --- | --- |

# KMA
## Korean Mathematics Ability Evaluation
# 한국수학학력평가

상반기 대비

# 정답과 풀이

초 **3**학년

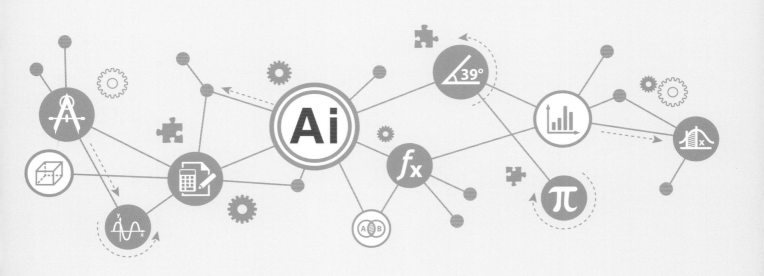

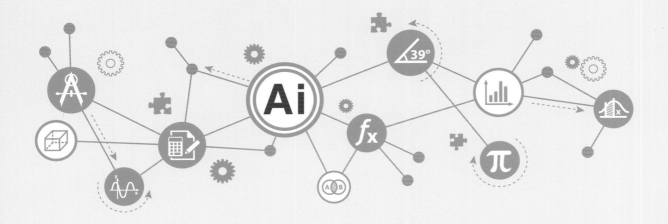

# KMA

Korean Mathematics Ability Evaluation

## 한국수학학력평가

상반기 대비

# 정답과 풀이

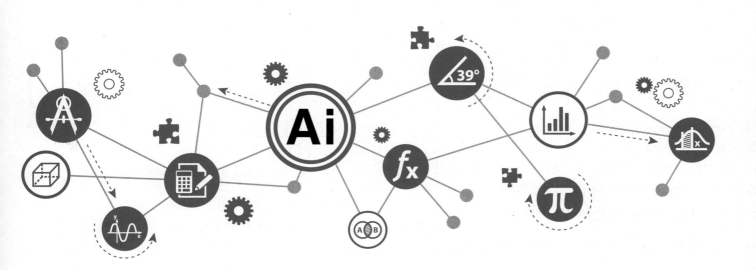

## KMA 단원 평가

### ① 덧셈과 뺄셈　　　　　8~17쪽

| | | |
|---|---|---|
| **01** ④ | **02** 113 | **03** 10 |
| **04** 200 | **05** ⑤ | **06** 9 |
| **07** 165 | **08** 805 | **09** 407 |
| **10** 80 | **11** 262 | **12** 650 |
| **13** 30 | **14** 458 | **15** 260 |
| **16** 926 | **17** 278 | **18** 8 |
| **19** 222 | **20** 389 | **21** 931 |
| **22** 483 | **23** 767 | **24** 73 |
| **25** 471 | **26** 154 | **27** 8 |
| **28** 233 | **29** 664 | **30** 17 |

**01** ① $856+248=1104$　② $767+346=1113$
③ $357+643=1000$　④ $452+778=1230$
⑤ $543+489=1032$

**02** (사과나무 수)$-$(배나무 수)
$=707-594=113$(그루)

**03**
$$\begin{array}{r} {\scriptstyle 1\ 1} \\ 8\ 5\ 9 \\ +\ 4\ ㉠\ 5 \\ \hline 1\ ㉡\ 3\ 4 \end{array}$$
십의 자리에서
$1+5+㉠=13$, $㉠=7$
백의 자리에서
$1+8+4=1㉡$, $㉡=3$
➡ $7+3=10$

**04** $\boxed{2}$는 백의 자리 숫자이므로 200입니다.

**05** ① $702-526=176$　② $603-514=89$
③ $437-258=179$　④ $700-692=8$
⑤ $567-369=198$

**06**
$$\begin{array}{r} 4\ 0\ 0 \\ -\ 1\ ㉠\ 8 \\ \hline ㉡\ 4\ ㉢ \end{array}$$
일의 자리에서
$10-8=㉢$, $㉢=2$
십의 자리에서
$10-1-㉠=4$, $㉠=5$
백의 자리에서 $4-1-1=㉡$, $㉡=2$
➡ $2+5+2=9$

**07** $\square=324-159=165$

**08** $262+175+368=437+368=805$(m)

**09** $824-417=407$(명)

**10** (남은 돈)$=800-480-240$
$\qquad\quad=320-240=80$(원)

**11** 합의 일의 자리 숫자가 0인 두 수를 찾습니다.
$731+469=1200$
따라서 두 수의 차는 $731-469=262$입니다.

**12** 처음에 유람선을 타고 있던 관광객을 $\square$명이라
하면 $\square-285+167=532$
$\square=532-167+285$, $\square=650$
따라서 처음에 유람선을 타고 있던 관광객은
650명입니다.

**13** $29\square+527=822$에서
$29\square=822-527=295$입니다.
따라서 $\square$ 안에 들어갈 수 있는 숫자는 6, 7, 8,
9이므로 모든 숫자들의 합은
$6+7+8+9=30$입니다.

**14** 가장 큰 수 : 864
가장 작은 수 : 406
따라서 $864-406=458$입니다.

**15** (어떤 수)$+248=756$
(어떤 수)$=756-248=508$
(바른 계산)$=508-248=260$

**16** (여자의 수)$=$(남자의 수)$+148$
$\qquad\qquad=389+148=537$(명)
(마을에 사는 사람 수)$=389+537=926$(명)

**17** (예슬이가 더 모아야 할 그림 카드 수)
$=800-387-135$
$=413-135$
$=278$(장)

**18**
$$\begin{array}{r} 7\ 1\ 1 \\ -\ 5\ 7\ 9 \\ \hline 1\ 3\ 2 \end{array}$$
★$=7$, ◆$=1$ ➡ ★$+$◆$=7+1=8$

**19** 어떤 수를 $\square$라 하면 $\square+146=532$,
$\square=532-146=386$입니다.
따라서 바르게 계산하면 $386-164=222$입니다.

**20** $431+289-331=720-331=389$(m)

**21**

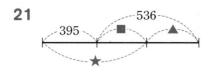

따라서 ★＋▲＝395＋536＝931입니다.

**22** (바꾼 수)－157＝686이므로
(바꾼 수)＝686＋157＝843입니다.
따라서 처음 세 자리 수는 483입니다.

**23** 두 수의 차가 가장 큰 경우는 가장 큰 수에서
가장 작은 수를 빼는 경우이므로
912－145＝767입니다.

**24**

$$\begin{array}{r} \boxed{㉠}\ 4\ \boxed{㉣} \\ +\ \boxed{㉡}\ \boxed{㉢}\ 9 \\ \hline 1\ 4\ 1\ 1 \end{array}$$

일의 자리에서
㉣＋9＝11, ㉣＝2
십의 자리에서
1＋4＋㉢＝11, ㉢＝6
백의 자리에서 1＋㉠＋㉡＝14, ㉠＋㉡＝13
㉠＝7, ㉡＝6일 때 742－669＝73
㉠＝6, ㉡＝7일 때 769－642＝127
따라서 두 수의 차가 가장 작은 경우는 73입니다.

**25** 수를 큰 순서대로 놓으면
784＞547＞352＞276입니다.
784－547＝237, 547－352＝195이므로
가장 작은 계산 결과는
547－352＋276＝195＋276＝471입니다.

**26** ㉮와 ㉯의 합은 572－296＝276입니다.

㉯는 276＋32＝308의 절반이므로 154입니다.

**27** ㉮＝9일 때 973－237＝736
㉮＝8일 때 873－237＝636
㉮＝7일 때 773－237＝536
따라서 ㉮에 알맞은 숫자는 8입니다.

**28** 321＋227＝548이고 777－548＝229이므로
□ 안에 229에 가장 가까운 수를 넣으면 세 수
의 합이 777에 가장 가까운 수가 됩니다.
십의 자리와 일의 자리의 숫자가 같은 세 자리
수 중에서 229에 가장 가까운 수는 233입니다.

**29** ■＝●＋236이므로 ●＝■－236입니다.
●＋▲＝428이므로 ■－236＋▲＝428에서
■＋▲＝428＋236＝664입니다.

**30** 두 세 자리 수를 ㉠㉡㉢, ㉣㉤㉥이라고 하면
두 수의 차가 가장 작은 경우는 백의 자리의 수
인 ㉠과 ㉣의 차가 1이어야 하므로 ㉠＞㉣이
라고 하면 ㉠과 ㉣은 각각 2와 1, 8과 7, 9와 8
인 경우입니다.
십의 자리 수인 ㉡과 ㉤, 일의 자리 수인 ㉢과
㉥은 남은 숫자 카드 중 작은 수에서 큰 수를
빼야 두 세 자리 수의 차가 가장 작습니다.
㉠과 ㉣이 각각 2와 1인 경우 : 257－198＝59
㉠과 ㉣이 각각 8과 7인 경우 : 812－795＝17
㉠과 ㉣이 각각 9와 8인 경우 : 912－875＝37
따라서 812와 795의 차가 17로 가장 작습니다.

**2** 평면도형　　　　　　　　18~27쪽

| | | | | | |
|---|---|---|---|---|---|
| **01** ③ | | **02** ④ | | **03** ② | |
| **04** 4 | | **05** 4 | | **06** 8 | |
| **07** 7 | | **08** 4 | | **09** ① | |
| **10** 7 | | **11** ④ | | **12** 98 | |
| **13** 6 | | **14** 30 | | **15** 28 | |
| **16** 592 | | **17** 11 | | **18** 20 | |
| **19** 28 | | **20** 12 | | **21** 14 | |
| **22** 18 | | **23** 16 | | **24** 10 | |
| **25** 64 | | **26** 304 | | **27** 144 | |
| **28** 21 | | **29** 44 | | **30** 5 | |

**01** ② 선분 ㄷㄹ　③ 직선 ㅁㅂ　④ 반직선 ㅅㅇ
⑤ 반직선 ㅊㅈ

**02** 삼각자나 수학책 등의 ∟ 부분과 같은 모양을
'직각'이라고 합니다.

**03** 직사각형은 직각이 4개 있고 마주 보는 두 변의
길이가 같습니다.

**04** (㉮ 정사각형의 둘레의 길이)
　=3＋3＋3＋3＝12(cm)이므로
　(㉯ 정사각형의 둘레의 길이)
　=28－12＝16(cm)입니다.
　따라서 ㉯ 정사각형의 한 변의 길이는 4 cm입니다.

**05**

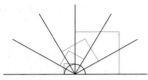

작은 각 3개가 직각이 됩니다.
따라서 직각은 모두 4개입니다.

**06**

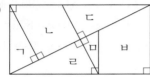

직각삼각형은 ㄱ, ㄷ, ㄹ, ㅁ, ㄴ＋ㄷ, ㄹ＋ㅁ,
ㄱ＋ㄴ＋ㄷ, ㄹ＋ㅁ＋ㅂ으로 모두 8개입니다.

**07** (직사각형의 둘레의 길이)＝8＋8＋□＋□＝30
　□＋□＝14, □＝7(cm)

**08** 직각삼각형은 삼각형
　ㄱㄴㄷ, 삼각형 ㄴㄷㄹ,
　삼각형 ㄱㄴㄹ, 삼각형
　ㄱㄷㄹ로 모두 4개입니다.

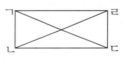

**09** 정사각형이 직사각형이 되는 이유는 네 각이
　모두 직각이기 때문입니다.

**10** (직사각형의 둘레의 길이)
　=(정사각형의 둘레의 길이)＝6×4＝24(cm)
　이므로 □＝24÷2－5＝7(cm)입니다.

**11** 두 바늘이 직각을 이루는 경우는 많지만 시각
　이 정각일 때는 3시, 9시의 경우입니다.

**12** (변 ㄱㅂ)＋(변 ㅁㄹ)＝(변 ㄴㄷ)
　(변 ㅂㅁ)＋(변 ㄹㄷ)＝(변 ㄱㄴ)
　따라서 16＋16＋33＋33＝98(cm)입니다.

**13** 사각형 ㅅㄹㅁㅂ은 정사각형이므로
　변 ㅅㅂ의 길이는 8 cm입니다.
　(변 ㄱㅅ의 길이)＝10－8＝2(cm)

사각형 ㄱㄴㅇㅅ은 정사각형이므로
변 ㄱㄴ의 길이는 2 cm입니다.
(변 ㄴㄷ의 길이)＝8－2＝6(cm)

**14** 사각형 1개짜리 : 8개, 사각형 2개짜리 : 10개,
　사각형 3개짜리 : 4개, 사각형 4개짜리 : 5개,
　사각형 6개짜리 : 2개, 사각형 8개짜리 : 1개
　따라서 직사각형은 모두
　8＋10＋4＋5＋2＋1＝30(개)입니다.

**15** ▭ 도형에는 직각이 4개씩 있고, ⊠ 도형
　에는 직각이 8개씩 있습니다.
　따라서 직각은 모두
　4×3＋8×2＝12＋16＝28(개)입니다.

**16**

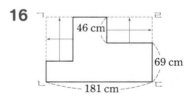

이 도형의 둘레의 길이는 직사각형 ㄱㄴㄷㄹ의 둘레의 길이와 같습니다.

　직사각형의 가로와 세로 길이의 합은
　181＋46＋69＝296(cm)이므로
　둘레의 길이는 296＋296＝592(cm)입니다.
　따라서 도형의 둘레의 길이는 592 cm입니다.

**17**

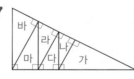

직각삼각형은 가, 나, 다, 라, 마, 바, 가＋나, 가＋나＋다, 가＋나＋다＋라,

가＋나＋다＋라＋마, 가＋나＋다＋라＋마＋바
로 모두 11개입니다.

**18** 도형의 둘레의 길이는 정사각형의 변 12개의
　길이의 합과 같습니다.
　60＝12＋12＋12＋12＋12이므로 12×5＝60
　에서 한 변의 길이는 5 cm이므로 네 변의 길이
　의 합은 5×4＝20(cm)입니다.

**19** 도형의 둘레의 길이는 작은 정사각형의 한 변
　의 길이를 14번 더한 것입니다.
　작은 정사각형의 한 변의 길이는 2 cm이므로
　도형의 둘레의 길이는 2×14＝28(cm)입니다.

**20** (1) 점 ㄱ에서 그을 수 있는 반직선은 반직선 ㄱㄴ, 반직선 ㄱㄷ, 반직선 ㄱㄹ입니다.

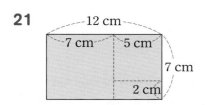

(2) 점 ㄴ에서 그을 수 있는 반직선은 반직선 ㄴㄱ, 반직선 ㄴㄷ, 반직선 ㄴㄹ입니다.

(3) 점 ㄷ에서 그을 수 있는 반직선은 반직선 ㄷㄱ, 반직선 ㄷㄴ, 반직선 ㄷㄹ입니다.

(4) 점 ㄹ에서 그을 수 있는 반직선은 반직선 ㄹㄱ, 반직선 ㄹㄴ, 반직선 ㄹㄷ입니다.

➡ 한 점에서 그을 수 있는 반직선은 3개이므로 반직선은 모두 $3 \times 4 = 12$(개)입니다.

**21**

남은 색종이는 가로가 5 cm, 세로가 2 cm인 직사각형이므로 네 변의 길이의 합은
$5 + 2 + 5 + 2 = 14$(cm)입니다.

**22** ◻ 모양 : 4개, ◻ 모양 : 4개,

◻◻ 모양 : 4개, ◻◻ 모양 : 4개,

◻ 모양 : 1개, ◻ 모양 : 1개

따라서 직사각형은 모두
$4 + 4 + 4 + 4 + 1 + 1 = 18$(개)입니다.

**23** 큰 정사각형의 둘레의 길이가 40 cm이므로 큰 정사각형의 한 변의 길이는 10 cm이고, 직사각형 ㉠의 짧은 변의 길이는 3 cm이므로 긴 변의 길이는 $10 - 3 = 7$(cm)입니다.
색칠한 정사각형의 한 변의 길이는 $7 - 3 = 4$(cm)이므로 둘레의 길이는 $4 + 4 + 4 + 4 = 16$(cm)입니다.

**24**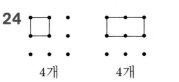

4개    4개    1개    1개

➡ $4 + 4 + 1 + 1 = 10$(개)

**25** 작은 직사각형의 가로의 길이의 2배가 세로의 길이와 같으므로 (세로의 길이)$\times 3 = 24$에서 세로의 길이는 8 cm입니다.
따라서 큰 정사각형 네 변의 길이의 합은 $8 \times 8 = 64$(cm)입니다.

**26** 둘레가 40 cm인 직사각형 : 3개
둘레가 56 cm인 직사각형 : 2개
둘레가 72 cm인 직사각형 : 1개
$40 \times 3 + 56 \times 2 + 72 = 304$(cm)

**27**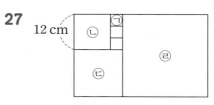

㉠의 한 변의 길이는 $12 \div 3 = 4$(cm),
㉡의 한 변의 길이는 $12 + 4 = 16$(cm),
㉣의 한 변의 길이는 $12 + 16 = 28$(cm)입니다.
따라서 직사각형의 둘레의 길이는
$(12 + 4 + 28) \times 2 + (12 + 16) \times 2$
$= 88 + 56 = 144$(cm)입니다.

**28** 그을 수 있는 직선의 개수 :
$6 + 5 + 4 + 3 + 2 + 1 = 21$(개)
그을 수 있는 반직선은 각 점을 출발점으로 하는 반직선을 6개씩 그을 수 있으므로
$6 \times 7 = 42$(개)입니다.
➡ (개수의 차)$= 42 - 21 = 21$(개)

**29**

| 선분의 개수 | 각의 개수 |
|---|---|
| 3 | 2 |
| 4 | 3+2 |
| 5 | 4+3+2 |
| 6 | 5+4+3+2 |
| ⋮ | ⋮ |
| 10 | 9+8+⋯+2 |

따라서 각을 이루는 선분의 개수가 10개일 때 직각보다 작은 각은 44개입니다.

**30**

1단계   2단계   3단계   4단계   5단계

따라서 찾을 수 있는 정사각형은 5개입니다.

---

**3 나눗셈** 28~37쪽

| | | | | | |
|---|---|---|---|---|---|
| **01** | ③ | **02** | ⑤ | **03** | 5 |
| **04** | ④ | **05** | ③ | **06** | 9 |
| **07** | ③ | **08** | 5 | **09** | 7 |
| **10** | 6 | **11** | 2 | **12** | 9 |
| **13** | 6 | **14** | 90 | **15** | 2 |
| **16** | 9 | **17** | 19 | **18** | 8 |
| **19** | 12 | **20** | 48 | **21** | 2 |
| **22** | 32 | **23** | 6 | **24** | 8 |
| **25** | 72 | **26** | 48 | **27** | 1 |
| **28** | 9 | **29** | 6 | **30** | 28 |

**01** ① $30 \div 6 = 5$   ② $40 \div 8 = 5$
④ $36 \div 9 = 4$   ⑤ $21 \div 3 = 7$

**02** 주어진 문제를 식으로 나타내어 보면
① $30 \times 6$   ② $30 \div 5$   ③ $30 \times 6$
④ $30 - 6$   ⑤ $30 \div 6$

**03** $45 \div 9 = 5$

**04** ① $16 \div 4 = 4$ ⊜ $28 \div 7 = 4$
② $63 \div 7 = 9$ ⊃ $72 \div 9 = 8$
③ $32 \div 8 = 4$ ⊂ $12 \div 2 = 6$
④ $27 \div 3 = 9$ ⊃ $36 \div 9 = 4$
⑤ $24 \div 6 = 4$ ⊜ $20 \div 5 = 4$

**05** ① $25 \div 5 = 5$   ② $8 \div 8 = 1$
③ $9 \div 1 = 9$   ④ $27 \div 3 = 9$
⑤ $36 \div 9 = 4$

**06** (한 사람이 가지는 공책 수)
= (전체 공책 수) ÷ (사람 수)
= $72 \div 8 = 9$(권)

**07** 5의 단 곱셈구구에는 48이 나올 수 없으므로 48명을 5명씩 남는 사람이 없도록 짝을 지을 수 없습니다.

**08** 앞에서부터 차례로 계산합니다.
$42 \div 7 = 6$, $6 \times \bigcirc = 30$, $\bigcirc = 5$

**09** (긴 의자 1개에 앉는 학생 수)
= (전체 학생 수) ÷ (긴 의자 수)
= $56 \div 8 = 7$(명)

**10** 연필 3타는 $12 + 12 + 12 = 36$(자루)입니다.
이것을 6사람에게 똑같이 나누어 주려면 한 사람에게 $36 \div 6 = 6$(자루)씩 나누어 주면 됩니다.

**11** $48 \div 8 = 6$, $6 \div 2 = 3$
$48 \div 6 = 8$, $8 \div 2 = 4$
㉮ $= 8 \div 4 = 2$(또는 $6 \div 3 = 2$)

**12** (어떤 수) $\div 9 = 6$, (어떤 수) $= 9 \times 6 = 54$
따라서 바르게 계산하면 $54 \div 6 = 9$입니다.

**13** ♥ $\div$ ♣ $= 4$에 알맞은 수를 넣어 봅니다.
$4 \div 1 = 4$, $8 \div 2 = 4$, $12 \div 3 = 4$, …
이 중에서 ♥ $+$ ♣ $= 10$을 만족하는 두 수는
♥ $= 8$, ♣ $= 2$입니다.
➡ $8 - 2 = 6$

**14** (한 권의 두께) $= 63 \div 7 = 9$(mm)
(3권의 두께) $= 9 \times 3 = 27$(mm)
따라서 3권을 더 쌓으면 높이는
$63 + 27 = 90$(mm)가 됩니다.

**15** 숫자 카드로 만들 수 있는 두 자리 수는
23, 26, 32, 36, 62, 63입니다.
이 중에서 $32 \div 4 = 8$, $36 \div 4 = 9$이므로
4로 똑같이 나눌 수 있는 수는 32, 36의 2개입니다.

**16** $8 \div 4 = 2$, $16 \div 4 = 4$, $20 \div 4 = 5$이므로 4로 나누는 규칙입니다.
따라서 ㉮에 알맞은 수는 $36 \div 4 = 9$입니다.

**17** 3보다 크고 10보다 작은 수 중 어떤 수를 곱했을 때 36이 되는 수를 찾습니다.
$4 \times 9 = 36$, $6 \times 6 = 36$, $9 \times 4 = 36$이 있으므로
$36 \div 4 = 9$, $36 \div 6 = 6$, $36 \div 9 = 4$입니다.

따라서 수들의 합은 $4+6+9=19$입니다.

**18** 남학생과 여학생의 수는 모두 $27+36=63$(명)입니다. 7명씩 한 모둠으로 만들면 모둠 수는 $63÷7=9$(모둠)이므로 도화지 72장을 9개의 모둠에게 똑같이 나누어 준다면 한 모둠에 $72÷9=8$(장)씩 나누어 주어야 합니다.

**19** 과정을 거꾸로 되짚어서 계산합니다.
$6+3=9$ ➡ $9×5=45$ ➡ $45-9=36$
➡ $36÷3=12$

**20** 두 자리 수이면서 50보다 작은 수 중에서 3과 4와 6으로 나누어지는 수는 12, 24, 36, 48입니다. 따라서 이 중 가장 큰 수는 48입니다.

**21**

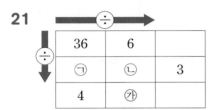

$36÷㉠=4$, $㉠=9$
$9÷㉡=3$, $㉡=3$
$6÷3=㉮$, $㉮=2$

**22** 규칙을 찾아보면 7개마다 반복됩니다.
$56÷7=8$이고 7개마다 검은색 바둑돌이 4개씩이므로 검은색 바둑돌은 $8×4=32$(개)입니다.

**23** ●$=2×$▲, ▲$=3×$■
따라서 ●$=2×3×$■, ●$=6×$■이므로
●$÷$■$=6$입니다.

**24** 짧은 막대의 길이를 □cm라 하면
긴 막대의 길이는 □$+63$(cm)입니다.
□$+$□$+63=81$, □$+$□$=18$에서
□$=9$(cm)입니다.
따라서 긴 막대는 짧은 막대의
$(63+9)÷9=8$(배)입니다.

**25** (□$÷8$)$+($8$÷4$)$=11$, (□$÷8$)$+2=11$에서
□$÷8=9$ ➡ $9×8=$□, □$=72$입니다.

**26** ■$÷$●$=7$인 ■와 ●를 표로 나타내면 다음과 같습니다.

| ■ | 7 | 14 | 21 | 28 | 35 | 42 | 49 | 56 | 63 | …… |
|---|---|----|----|----|----|----|----|----|----|----|
| ● | 1 | 2 | 3 | 4 | 5 | 6 | 7 | 8 | 9 | …… |

이 중에서 ■$+$●$=64$인 경우는
■$=56$, ●$=8$일 때입니다.
따라서 ■$-$●$=56-8=48$입니다.

**27** 4로 나누어지는 수 : 12, 20, 24, 40, 52(5개)
6으로 나누어지는 수 : 12, 24, 42, 54(4개)
➡ $5-4=1$

**28** 두 사람이 가지고 있는 구슬의 차는
$40-13=27$(개)이므로
$27÷(7-4)=9$(일) 후에 구슬의 개수가 같아집니다.

**29** 두 개의 주사위를 던져서 나올 수 있는 눈의 수의 합은 2에서 12까지입니다. 이 중에서 6으로 나누어지는 경우는 6, 12일 때입니다.
합이 6인 경우(5가지)

| 빨간 주사위 | 1 | 2 | 3 | 4 | 5 |
|-----------|---|---|---|---|---|
| 파란 주사위 | 5 | 4 | 3 | 2 | 1 |

합이 12인 경우(1가지)

| 빨간 주사위 | 6 |
|-----------|---|
| 파란 주사위 | 6 |

따라서 $5+1=6$이므로 모두 6가지입니다.

**30** 가장 작은 두 자리 수부터 차례로 생각합니다.
$10÷2=5$, $10÷5=2$, $12÷3=4$, $12÷4=3$,
$14÷2=7$, $14÷7=2$, $16÷2=8$, $16÷8=2$,
$18÷3=6$, $18÷6=3$, $20÷4=5$, $20÷5=4$,
$21÷3=7$, $21÷7=3$, $24÷3=8$, $24÷8=3$,
$28÷4=7$, $28÷7=4$, $30÷5=6$, $30÷6=5$,
$32÷4=8$, $32÷8=4$, $40÷5=8$, $40÷8=5$,
$42÷6=7$, $42÷7=6$, $56÷7=8$, $56÷8=7$
➡ 28가지

**④ 곱셈**      38~47쪽

| | | |
|---|---|---|
| **01** ③ | **02** 552 | **03** 99 |
| **04** 103 | **05** 106 | **06** 352 |
| **07** ② | **08** 783 | **09** 326 |
| **10** 466 | **11** 109 | **12** 296 |
| **13** 108 | **14** 12 | **15** 440 |
| **16** 7 | **17** 593 | **18** 280 |
| **19** 49 | **20** 280 | **21** 37 |
| **22** 72 | **23** 288 | **24** 128 |
| **25** 6 | **26** 3 | **27** 89 |
| **28** 6 | **29** 18 | **30** 17 |

**01** $4+4+4+4+4+4+4+4+4+4+4+4$
$=4\times12$
$12+12+12+12=12\times4$
$4\times12=12\times4$

**02** $23\times4=92 \Rightarrow 92\times6=552$
따라서 ㉠=552입니다.

**03** $16\times3=48$, $9\times15=135$
$16\times9=144$, $3\times15=45$
$\Rightarrow 144-45=99$

**04** 연필 1타는 12자루이므로 9타는
$12\times9=108$(자루)입니다.
따라서 남은 연필은 $108-5=103$(자루)입니다.

**05** 오리 한 마리의 다리는 2개, 송아지 한 마리의
다리는 4개입니다.
(오리 다리의 수)$=2\times13=26$(개)
(송아지 다리의 수)$=4\times20=80$(개)
따라서 다리는 모두 $26+80=106$(개)입니다.

**06** $88\times4=352$(m)

**07** ① $43\times7=301 \gt 300$
② $65\times3=195 \lt 25\times8=200$
③ $62\times8=496 \lt 500$
④ $66\times5=330 = 55\times6=330$
⑤ $56\times3=168 \gt 158$

**08** 곱이 가장 크려면 곱하는 수가 가장 커야 하므
로 $87\times9=783$입니다.

**09** 긴 의자 46개에는 7명씩 앉아 있고 한 개의 의
자만 4명이 앉아 있습니다. 따라서 의자에 앉
은 사람은 모두 $46\times7+4=326$(명)입니다.

**10** $55\times8+26=466$(개)

**11** 예슬이가 가진 딱지는 $13\times6+18=96$(장)입
니다. 따라서 두 사람이 가진 딱지는 모두
$13+96=109$(장)입니다.

**12** 빈 자리가 5자리씩 남았으므로 한 대에
$42-5=37$(명)씩 탔습니다.
따라서 버스에 탄 학생은 모두
$37\times8=296$(명)입니다.

**13**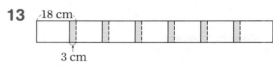
$18\times7-3\times6=126-18=108$(cm)

**14**
$$\begin{array}{r} ㉠㉡ \\ \times\quad 7 \\ \hline 5\ 0\ 4 \end{array}$$
㉡×7의 일의 자리 숫자가 4이므
로 ㉡=2입니다.
㉠×7+1=50이므로 ㉠=7입니다.
★×6=72이므로 ★=12입니다.

**15** 1회 : $50+40\times2+30\times2+20=210$(점)
2회 : $40\times3+30\times3+20=230$(점)
따라서 총합은 $210+230=440$(점)입니다.

**16** 같은 두 수를 곱해서 일의 자리 숫자가 9가 되
는 경우는 $3\times3$, $7\times7$입니다.
$33\times3=99$, $77\times7=539$이므로 카드의 숫자는
7입니다.

**17** (첫 번째)$=7\times1-2=5$
(두 번째)$=7\times2-2=12$
(세 번째)$=7\times3-2=19$
(네 번째)$=7\times4-2=26$
⋮
(85번째)$=7\times85-2=593$

**18**
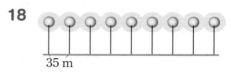
간격 수는 $9-1=8$(개)입니다.
처음 가로등부터 마지막 가로등까지의 거리는

$35 \times 8 = 280(m)$입니다.

**19** (한별이의 나이)$=11$살
(삼촌의 나이)$=11 \times 2 + 3 = 25$(살)
(아버지의 연세)$=(11+25) \times 2 - 23$
$\qquad = 72 - 23 = 49$(세)

**20** 잘못 계산한 식은 $6 \times 4 + \square = 70$이므로
$\square = 46$입니다.
따라서 바르게 계산하면 $46 \times 6 + 4 = 280$입니다.

**21**

| 두 수 | 48 | 47 | 46 | 45 | 44 | 43 |
|---|---|---|---|---|---|---|
| | 1 | 2 | 3 | 4 | 5 | 6 |
| 두 수의 곱 | 48 | 94 | 138 | 180 | 220 | 258 |

따라서 조건을 모두 만족하는 두 수는 43과 6
이므로 두 수의 차는 $43 - 6 = 37$입니다.

**22** 어떤 수를 $\square$라 하면, $\square + 36 = \square \times 7$
$\square + 36 = \square + \square + \square + \square + \square + \square + \square$
$\square$ 6개의 합은 36과 같으므로 $\square \times 6 = 36$,
$\square = 6$입니다.
따라서 $6 \times 12 = 72$입니다.

**23** 타일이 15장이므로 직사각형의 가로 길이는
$15 \times 9 = 135(cm)$, 세로 길이는 $9\,cm$입니다.
따라서 $135 + 9 + 135 + 9 = 288(cm)$입니다.

**24** 가로줄 : 3　6　12　24 ⋯
　　　　　$\times 2$　$\times 2$　$\times 2$
세로줄 : 16　48　144 ⋯
　　　　　$\times 3$　$\times 3$

따라서 $\bigcirc = 16 \times 2 \times 2 \times 2 = 128$입니다.

**25** 같은 수를 세 번 곱한 곱의 일의 자리가 곱한
수와 같은 숫자를 찾습니다.
$21 \times 1 \times 1 = 21$, $24 \times 4 \times 4 = 384$,
$25 \times 5 \times 5 = 625$, $26 \times 6 \times 6 = 936$,
$29 \times 9 \times 9 = 2349$이므로 $\square$ 안에 알맞은 숫자
는 6입니다.

**26** $28 \times 9 = 252$이므로 $\square$ 안에 들어갈 수 중 가장
큰 수는 251입니다.
$43 \times \bigcirc = 251 - 122 = 129$에서 $\bigcirc$은 3입니다.

**27** $\bigcirc \div \bigcirc \div \bigcirc = 4 \Rightarrow \bigcirc \div \bigcirc = \bigcirc \times 4$
$\bigcirc \div \bigcirc \times \bigcirc = 100 \Rightarrow 4 \times \bigcirc \times \bigcirc = 100$에서

$\bigcirc \times \bigcirc = 25$이므로 $\bigcirc = 5$입니다.
따라서 $\bigcirc + \bigcirc + \bigcirc = 84 + 5 = 89$입니다.

**28** $32 = 1 \times 32 = 2 \times 16 = 4 \times 8$
$48 = 1 \times 48 = 2 \times 24$
$\quad = 3 \times 16 = 4 \times 12 = 6 \times 8$
$24 = 1 \times 24 = 2 \times 12$
$\quad = 3 \times 8 = 4 \times 6$

따라서 $32 = 4 \times 8$, $48 = 8 \times 6$, $24 = 4 \times 6$이므
로 오른쪽과 같습니다.
따라서 ㉲에 알맞은 수는 6입니다.

**29** $\square * 6 = (5 \times \square) \div (3 \times 6) = 5$
$5 \times \square \div 18 = 5$
$5 \times \square = 90$
$\square = 18$

**30** (유승이네 학교 3학년 학생 수)
$= 13 \times 22 + 3 = 289$(명)입니다.
따라서 $☆ \times ☆ = 289$이므로 $☆ = 17$입니다.

---

**⑤ 길이와 시간**　　　　　48~57쪽

| | | |
|---|---|---|
| **01** 360 | **02** 508 | **03** 9 |
| **04** 28 | **05** 17 | **06** 146 |
| **07** 22 | **08** 22 | **09** 65 |
| **10** 81 | **11** 200 | **12** 853 |
| **13** 72 | **14** 640 | **15** 600 |
| **16** 106 | **17** 70 | **18** 900 |
| **19** 885 | **20** 25 | **21** 198 |
| **22** 144 | **23** 60 | **24** 10 |
| **25** 738 | **26** 331 | **27** 110 |
| **28** 53 | **29** 16 | **30** 84 |

**01** (리본의 길이)$= 12 \times 3 = 36(cm) = 360(mm)$

**02** (버스를 타고 간 거리)
$=$(전체 거리)$-$(기차를 타고 간 거리)
$= 36\,km - 27\,km\ 500\,m$
$= 8\,km\ 500\,m$

따라서 ㉠=8, ㉡=500이므로
㉠+㉡=8+500=508입니다.

**03** 64 mm−3 cm 7 mm
=6 cm 4 mm−3 cm 7 mm
=2 cm 7 mm
따라서 ㉠=2, ㉡=7이므로
㉠+㉡=2+7=9입니다.

**04** 8 cm 5 mm−57 mm
=85 mm−57 mm=28 mm

**05** 3 cm 7 mm=37 mm
(정사각형의 둘레의 길이)=32×4=128(mm)
(삼각형의 둘레의 길이)=37×3=111(mm)
따라서 정사각형의 둘레의 길이가
128−111=17(mm) 더 깁니다.

**06** 주영이의 필통의 길이는 15 cm 5 mm이고,
1 cm=10 mm이므로
(강호의 필통의 길이)
=15 cm 5 mm−9 mm
=14 cm 15 mm−9 mm
=14 cm 6 mm
=146 mm

**07** 5시 18분+3시간 55분=9시 13분
㉠=9, ㉡=13이므로 ㉠+㉡=9+13=22입니다.

**08** 3시 57분 46초+4분 30초=4시 2분 16초이므로
㉠+㉡+㉢=4+2+16=22입니다.

**09** 12시 23분−6시 47분 35초=5시간 35분 25초
이므로 ㉠+㉡+㉢=5+35+25=65입니다.

**10** (출발한 시각)
=(도착한 시각)−(걸린 시간)
=4시 20분 15초−1시간 45분 30초
=3시 79분 75초−1시간 45분 30초
=2시 34분 45초
따라서 ㉠=2, ㉡=34, ㉢=45이므로
㉠+㉡+㉢=2+34+45=81입니다.

**11** (가장 먼 거리)
=1 km 350 m+2 km 860 m

=4 km 210 m
(가장 가까운 거리)
=1 km 240 m+2 km 770 m
=4 km 10 m
따라서 가장 먼 길과 가장 가까운 길의 거리의
차는 4 km 210 m−4 km 10 m=200 m입니다.

**12** 겹쳐진 부분은 3군데입니다.
(색 테이프 4장의 길이)=22×4=88(cm)
(겹쳐진 부분의 길이)=9×3=27(mm)
따라서 전체의 길이는
88 cm−27 mm
=880 mm−27 mm=853 mm입니다.

**13** 굵은 선의 길이는 직사각형의 네 변의 길이의
합과 같습니다.
(가로 길이)=45×5=225(mm)
(세로 길이)=45×3=135(mm)
따라서 굵은 선의 길이는
225+135+225+135=720(mm)
➡ 72cm입니다.

**14** 981 m+1 km 37 m−379 m
=2 km 18 m−379 m=1 km 639 m
따라서 ㉠=1, ㉡=639이므로
㉠+㉡=1+639=640입니다.

**15** 가장 작은 직사각형의 가로 길이는
24÷4=6(cm)입니다.
따라서 네 변의 길이의 합은
6+24+6+24=60(cm)이므로 600 mm입니다.

**16** 공부를 시작한 시각은 6시 15분 35초입니다.
공부를 끝낸 시각은 9시 10분 25초입니다.
따라서 지혜가 공부한 시간은
9시 10분 25초−6시 15분 35초
=2시간 54분 50초입니다.
➡ ㉠+㉡+㉢=2+54+50=106

**17** 하루는 24시간이므로 밤의 길이는
24시간−10시간 40분 45초
=13시간 19분 15초입니다.
따라서 밤의 길이는 낮의 길이보다
13시간 19분 15초−10시간 40분 45초

＝2시간 38분 30초가 더 깁니다.

➡ 2＋38＋30＝70

**18** 형과 동생이 걸은 시간은
오후 3시 30분－오후 2시＝1시간 30분
이므로 동생은
2 km 400 m＋1 km 200 m＝3 km 600 m
를 걸었고 형은
3 km＋1 km 500 m＝4 km 500 m
를 걸었습니다.
따라서 형은 동생보다
4 km 500 m－3 km 600 m＝900 m
를 앞서 있습니다.

**19** 오후 7시 55분 30초＝19시 55분 30초이므로
(오늘 낮의 길이)
＝19시 55분 30초－5시 10분 30초
＝14시간 45분
＝885(분)

**20** 400초는 6분 40초입니다.
따라서 6시 54분 37초에서 6분 40초 후의 시각
은 7시 1분 17초입니다.
➡ 7＋1＋17＝25

**21** 삼각형이 1개일 때 ➡ 22×3＝66(mm)
삼각형이 2개일 때 ➡ 22×4＝88(mm)
삼각형이 3개일 때 ➡ 22×5＝110(mm)
⋮　　　　⋮
삼각형이 7개일 때 ➡ 22×9＝198(mm)
따라서 삼각형 7개를 붙여 놓으면 둘레의 길이
는 198 mm입니다.

**22**

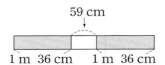

4층까지 올라가는 데 12초가 걸렸으므로 한 층
을 올라가는 데 걸린 시간은 12÷3＝4(초)입니다.
따라서 37층까지 올라가는 데 걸리는 시간은
36×4＝144(초)입니다.

**23** 기차 시각표를 보면 용산역에서 10시 26분에
출발한 기차는 광주역에 14시 38분에 도착하므로
용산역에서 광주역까지 걸린 시간은

14시 38분－10시 26분＝4시간 12분입니다.
따라서 오후 5시까지 광주역에 도착하기 위해
서는 용산역에서 늦어도
17시－4시간 12분＝12시 48분에 출발하는 기
차를 타야 합니다.
➡ 12＋48＝60

**24** 2 cm, 4 cm, 6 cm, 8 cm, 10 cm, 12 cm,
14 cm, 16 cm, 18 cm, 20 cm로 10가지의
길이를 잴 수 있습니다.

**25** 굵은 선의 길이는 큰 직사각형의 네 변의 길이
의 합과 같으므로
5 km 200 m＋4 km 160 m＋5 km 200 m
＋4 km 160 m＝18 km 720 m입니다.
➡ 18＋720＝738

**26** 처음 막대에 물이 1 m 36 cm까지 묻었다면 반
대쪽으로 넣었을 때에도 물이 묻은 길이는
1 m 36 cm입니다.

```
          59 cm
           ↓
┌───────┌───┐───────┐
│       │   │       │
└───────└───┘───────┘
 1 m 36 cm   1 m 36 cm
```

(막대의 전체 길이)
＝1 m 36 cm＋1 m 36 cm＋59 cm
＝2 m 72 cm＋59 cm
＝3 m 31 cm ➡ 331 cm

**27** (1)과 (3)에 의하면 주황이는 왕눈이가 뛴 거리
의 2배만큼 뛰었으므로 주황이는 70 cm,
왕눈이는 35 cm를 뛰었습니다.
(2)에 의하면 뛴 거리 사이에는 올망이＜초록
이＜파랑이인 관계가 있으므로 올망이는
50 cm, 초록이는 55 cm, 파랑이는 60 cm를
뛰었습니다.
따라서 올망이와 파랑이가 뛴 거리의 합은
50＋60＝110(cm)입니다.

**28**

┌─────── 9번 ───────┐

6시 25분 30초＋15분 30초＋15분 30초＋……＋15분 30초
(15분 30초)×9
＝15분×9＋30초×9＝135분＋270초
＝2시간 15분＋4분 30초＝2시간 19분 30초

# KMA 정답과 풀이

6시 25분 30초＋2시간 19분 30초＝8시 45분
➡ 8＋45＝53

**29** 미진이의 키 : 170－45＝125(cm)
수강이의 키 : (미진이의 키)＋4
＝125＋4＝129(cm)
은섭이의 키 : (수강이의 키)＋6
＝129＋6＝135(cm)
미나의 키 : (은섭이의 키)＋6
＝135＋6＝141(cm)
하은이의 키 : (미나의 키)－7
＝141－7＝134(cm)
수지의 키 : (하은이의 키)＋5
＝134＋5＝139(cm)
➡ (미나의 키)－(미진이의 키)
＝141－125＝16(cm)

**30** 123층을 올라가는 데 쉰 횟수는
123＝5×24＋3에서 24번이므로
쉰 시간은 24×2＝48(분)입니다.
처음 30층까지 오른 층수는 29층이고 걸린 시간은 6×29＝174(초)입니다.
60층까지 오르는데 걸린 시간은
30×7＝210(초)
90층까지 오르는데 걸린 시간은
30×8＝240(초)
123층까지 오르는데 걸린 시간은
33×9＝297(초)
따라서 174＋210＋240＋297＝921(초)
＝15분 21초이므로 1층부터 123층까지 올라가는 데 걸린 시간은 모두
48분＋15분 21초＝63분 21초입니다.
➡ 63＋21＝84

## KMA 실전 모의고사

### ① 회　　　　　　　　　　　58~67쪽

| | | |
|---|---|---|
| **01** 140 | **02** 221 | **03** 4 |
| **04** ② | **05** ④ | **06** ② |
| **07** 42 | **08** 21 | **09** 760 |
| **10** 31 | **11** 160 | **12** 401 |
| **13** 10 | **14** 12 | **15** 5 |
| **16** 56 | **17** 4 | **18** 270 |
| **19** 313 | **20** 11 | **21** 5 |
| **22** 12 | **23** 3 | **24** 64 |
| **25** 11 | **26** 943 | **27** 90 |
| **28** 5 | **29** 48 | **30** 20 |

**01** 십의 자리 숫자 위에 있는 14는 십의 자리의 4와 백의 자리에서 받아내림한 1이므로 140을 나타냅니다.

**02** 546－325＝221(명)

**03** (가로)＋(세로)＝10 cm이고, 가로가 6 cm이므로 세로는 10－6＝4(cm)입니다.

**04** 정사각형을 직사각형이라고 할 수 있는 이유는 네 각이 모두 직각이기 때문입니다.

**05** ① 5　② 8　③ 7　④ 9　⑤ 6

**06** ① 24×4　② 24÷4　③ 24×4
④ 24－4　⑤ 24＋4

**07** (동생의 나이)＝14－2＝12(살)
(아버지의 연세)＝12×4－6＝42(세)

**08** □ 안에 들어갈 수 있는 수는 1, 2, 3, 4, 5, 6이므로 합은 1＋2＋3＋4＋5＋6＝21입니다.

**09** 1670 m＝1 km 670 m
(집~도서관)＝3 km 890 m
(집~우체국~도서관)
＝2 km 980 m＋1 km 670 m＝4 km 650 m
따라서 4 km 650 m－3 km 890 m＝760 m 더 가깝습니다.

**10** 어제 오전 10시부터 오늘 오전 10시까지는 24시간이고, 오늘 오전 10시부터 오늘 오후 5시

까지는 7시간이므로 주환이네 가족이 여행한 시간은 24＋7＝31(시간)입니다.

**11** 148＋53＜42＋□
201＜42＋□
159＜□

**12** 은행에서 파출소까지의 거리가 952 m이므로 은행에서 우체국까지의 거리는
952－705＝247(m)입니다.
또, 은행에서 학교까지의 거리가 648 m이므로 우체국에서 학교까지의 거리는
648－247＝401(m)입니다.

**13** 직선 ㄱㄴ, 직선 ㄱㄷ, 직선 ㄱㄹ, 직선 ㄱㅁ, 직선 ㄴㄷ, 직선 ㄴㄹ, 직선 ㄴㅁ, 직선 ㄷㄹ, 직선 ㄷㅁ, 직선 ㄹㅁ ➡ 10개

**14** 정사각형 1개짜리 : 4개, 정사각형 2개짜리 : 3개, 정사각형 3개짜리 : 1개, 직사각형 1개짜리 : 1개, 직사각형 1개와 정사각형 1개짜리 : 1개, 직사각형 1개와 정사각형 2개짜리 : 1개, 직사각형 1개와 정사각형 4개짜리 : 1개
따라서 크고 작은 사각형의 개수는
4＋3＋1＋1＋1＋1＋1＝12(개)입니다.

**15** 준섭이는 하루에 56÷7＝8(쪽)을 읽습니다. 따라서 하루에 8쪽씩 읽는다면 40÷8＝5(일) 만에 읽을 수 있습니다.

**16** ●÷2＝4에서 ●＝4×2＝8
■÷7＝8에서 ■＝8×7＝56

**17** 500원짜리 폐휴지 1상자를 팔면 400원짜리 공책 1권을 사고 100원이 남고, 2상자를 팔면 공책 2권을 사고 200원이 남습니다. 또, 3상자를 팔면 공책 3권을 사고 300원이 남고, 4상자를 팔면 공책 5권을 사고 남은 돈이 없으므로 이 경우가 가장 적은 것입니다.
500×□＝400×△에서 □가 4일 때 △는 5입니다.

**18** ㉮기계는 ㉯기계보다 1분 동안 18－15＝3(자루)씩 더 만들 수 있으므로 1시간 30분＝90분 동안 두 기계에서 만드는 연필 수의 차는
3×90＝270(자루)입니다.

**19** 색 테이프 한 장의 길이를 mm 단위로 나타내면 10 cm 7 mm＝107 mm입니다.
(색 테이프 3장의 길이)＝107×3＝321(mm)이고, 겹쳐진 부분이 4×2＝8(mm)이므로
(이어 붙인 색 테이프의 전체 길이)
＝321－8＝313(mm)입니다.

**20** (학주의 키)＝200－72＝128(cm)
(재혁이의 키)＝128＋5＝133(cm)
(동일이의 키)＝133＋6＝139(cm)
(미송이의 키)＝139－8＝131(cm)
(현우의 키)＝131＋3＝134(cm)
따라서 (동일이의 키)－(학주의 키)＝11(cm)입니다.

**21** 두 수의 차가 가장 작기 위해서는 백의 자리 숫자의 차가 가장 작아야 합니다.
따라서 백의 자리 숫자는 3과 4이고 401－396일 때, 두 수의 차가 5로 가장 작습니다.

**22**
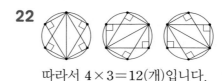
따라서 4×3＝12(개)입니다.

**23**
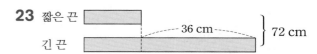
72 cm에서 36 cm를 뺀 길이는 짧은 끈의 길이의 2배와 같습니다.
따라서 짧은 끈의 길이는 18 cm이고, 긴 끈의 길이는 18＋36＝54(cm)이므로 긴 끈의 길이는 짧은 끈의 길이의 3배입니다.

**24** 첫 번째 : 1×2＋2＝4(개)
두 번째 : (1＋2)×2＋3＝9(개)
세 번째 : (1＋2＋3)×2＋4＝16(개)
⋮
일곱 번째 : (1＋2＋3＋4＋5＋6＋7)×2＋8
＝64(개)

**25** 12시～1시 사이 : 2번, 1시～2시 사이 : 2번, 2시～3시 사이 : 1번, 3시 정각 : 1번, 3시～4시 사이 : 1번, 4시～5시 사이 : 2번, 5시～6시 사이 : 2번

따라서 2+2+1+1+1+2+2=11(번)입니다.

**26** □는 ◐보다 295 더 크므로 □=◐+295이고, ◐와 ▲의 합이 648이므로
◐+▲=648입니다.
이것을 그림으로 나타내면 다음과 같습니다.

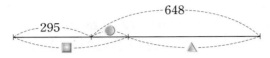

따라서 □+▲=295+648=943입니다.

**27**

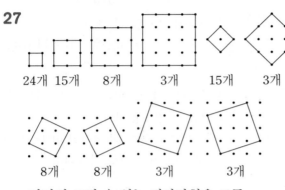

24개 15개 8개 3개 15개 3개

8개 8개 3개 3개

따라서 그릴 수 있는 정사각형은 모두
24+15+8+3+15+3+8+8+3+3=90(개)
입니다.

**28** □♥5=3
(6×□)÷(2×5)=3
6×□÷10=3
6×□=30
□=5

**29** 6×♡=☆, ☆+♡=56에서 6×♡+♡=56,
7×♡=56, ♡=8이므로
☆=6×8=48입니다.

**30** 8번 자르면 9도막이 되고 8번째 자른 후에는 휴식 시간을 계산할 필요가 없으므로 7번의 휴식 시간을 더합니다.
(자르기만 하는 데 걸린 시간)
=12×8=96(분)
(휴식 시간)=3×7=21(분)
9도막으로 자르는 데 걸리는 시간은
96+21=117(분)이므로 1시간 57분입니다.
따라서 시작한 시각이 9시 12분이므로 끝나는

시각은 9시 12분+1시간 57분=11시 9분입니다.
➡ 11+9=20

**2** 회　　　　　　　　　68~77쪽

| | | |
|---|---|---|
| **01** 110 | **02** 6 | **03** 7 |
| **04** 6 | **05** 3 | **06** 9 |
| **07** 120 | **08** ④ | **09** 71 |
| **10** 56 | **11** 299 | **12** 279 |
| **13** 6 | **14** 10 | **15** 36 |
| **16** 7 | **17** ③ | **18** 4 |
| **19** 135 | **20** 85 | **21** 200 |
| **22** 3 | **23** 8 | **24** 455 |
| **25** 40 | **26** 682 | **27** 24 |
| **28** 40 | **29** 10 | **30** 6 |

**01** ㉡의 1은 일의 자리에서 십의 자리로 받아올림한 수이므로 10을 나타냅니다.
㉠의 1은 십의 자리에서 백의 자리로 받아올림한 수이므로 100을 나타냅니다.
따라서 합은 100+10=110입니다.

**02** 십의 자리에서 10-□=4이므로 □=6입니다.

**03** 정사각형은 네 변의 길이가 모두 같으므로 한 변의 길이는 28÷4=7(cm)입니다.

**04** 선분 ㄱㄴ, 선분 ㄱㄷ, 선분 ㄱㄹ, 선분 ㄴㄷ, 선분 ㄴㄹ, 선분 ㄷㄹ로 모두 6개입니다.

**05** 정사각형 가의 한 변의 길이는
24÷4=6(cm)이고,
정사각형 나의 한 변의 길이는
12÷4=3(cm)이므로
정사각형 가의 한 변의 길이가 6-3=3(cm)
더 깁니다.

**06** 아버지와 어머니께서 사 오신 귤은 모두
16+38=54(개)이므로 한 사람이
54÷6=9(개)씩 먹게 됩니다.

**07** 지혜의 구슬 수 : $10 \times 3 = 30$(개)

한초의 구슬 수 : $30 \times 4 = 120$(개)

**08** 1 cm=10 mm, 1000 m=1 km입니다.

① 60 mm=6 cm

② 30 cm=300 mm

③ 390 mm=39 cm

⑤ 4 km=4000 m

**09** 4 cm 2 mm+2 cm 9 mm

$= 7$ cm 1 mm=71 mm

**10** 90분=1시간 30분입니다.

따라서 운동을 시작한 시각은

4시 24분-1시간 30분=2시 54분입니다.

➡ $2+54=56$

**11**

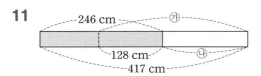

(㉯의 길이)=$417-246=171$(cm)

(㉮의 길이)=$128+171=299$(cm)

**12**

$$\begin{array}{ccc} \boxed{㉠} & 4 & \boxed{㉡} \\ + \boxed{㉢} & \boxed{㉣} & 9 \\ \hline 1 \quad 0 & 2 & 1 \end{array} \qquad \begin{array}{ccc} \boxed{㉠} & 4 & \boxed{㉡} \\ - \boxed{㉢} & \boxed{㉣} & 9 \\ \hline 4 & 6 & 3 \end{array}$$

㉡$+9=11$ ➡ ㉡$=2$

$1+4+$㉣$=12$ ➡ ㉣$=7$

$1+$㉠$+$㉢$=10$이므로 ㉠$+$㉢$=9$이고,

㉠$-1-$㉢$=4$이므로 ㉠$-$㉢$=5$인 ㉠, ㉢을

찾아봅니다.

따라서 ㉠$=7$, ㉢$=2$이므로 두 수는 742, 279

이고, 이 중 작은 수는 279입니다.

**13**

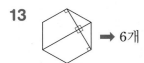 ➡ 6개

**14**

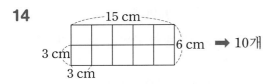 ➡ 10개

**15** (모둠 수)$=32 \div 8 = 4$(모둠)

한 모둠에 상품으로 주는 공책 수는

$5+3+1=9$(권)이므로

필요한 공책 수는 $9 \times 4 = 36$(권)입니다.

**16** 어떤 수를 □라 하면 □$\div 7 = 8$에서 □$=56$

따라서 바르게 계산하면 $56 \div 8 = 7$입니다.

**17** ① □$\times 5$   ② □$\times 5$   ③ □$\times 7$

④ □$\times 4$   ⑤ □$\times 6$

**18** □ 안에 같은 수를 넣었을 때, □$+24$와 □$\times 7$

의 값을 표로 나타내면 다음과 같습니다.

| □ | 1 | 2 | 3 | 4 | 5 | 6 | … |
|---|---|---|---|---|---|---|---|
| □+24 | 25 | 26 | 27 | 28 | 29 | 30 | … |
| □×7 | 7 | 14 | 21 | 28 | 35 | 42 | … |

**19** 1 m는 100 cm이므로 민호의 키는 129 cm입

니다.

(경주의 키)=$129+4=133$(cm)

(진희의 키)=$133+2=135$(cm)

따라서 진희의 키는 135 cm입니다.

**20** 열차가 출발한 시각이 1시 40분 25초이고, 도

착한 시각이 3시 30분이므로 열차가 출발하여

도착지까지 가는데 걸린 시간은

3시 30분-1시 40분 25초=1시간 49분 35초

입니다.

따라서 ㉠$=1$, ㉡$=49$, ㉢$=35$이므로

㉠$+$㉡$+$㉢$=85$입니다.

**21** 26일 통장에 남은 돈은 $820-380=440$(원)이고,

26일 통장에서 찾은 돈은 $640-440=200$(원)

입니다.

**22** 굵은 선의 길이는 작은 정사각형의 한 변의 길

이를 16번 더한 길이와 같습니다.

(작은 정사각형의 한 변)$\times 16 = 48$(cm)이므로

(작은 정사각형의 한 변)$=3$(cm)입니다.

**23** 곱셈과 나눗셈의 관계를 이용하여 ★을 먼저

구합니다.

★$\div 4 = 3$ ➡ $4 \times 3 = $★, ★$=12$

■$\div 6 = $★, ■$\div 6 = 12$

➡ $6 \times 12 = $■, ■$=72$

따라서 어떤 수 ■를 9로 나누면 $72 \div 9 = 8$입니다.

**24** 곱셈식의 곱이 크려면 큰 숫자 3장을 사용해야 합니다.

$75 \times 6 = 450$, $65 \times 7 = 455$이므로 가장 큰 곱은 455입니다.

**25**

가장 긴 끈 ├─────────── 15 cm ···┐
둘째로 긴 끈 ├───────── 5 cm
가장 짧은 끈 ├──────── 10 cm ┘ │ 100 cm

그림에서 $100 - 15 - 10 = 75$(cm)가 가장 짧은 끈의 길이의 3배이므로 가장 짧은 끈의 길이는 25 cm이고, 가장 긴 끈의 길이는 $25 + 15 = 40$(cm)입니다.

**26** ◆$+8+$♣$=16$이므로 ◆$+$♣$=8$입니다.

◆은 ♣보다 크므로 나올 수 있는 세 자리 수는 880, 781, 682, 583입니다.

이 중에서 조건을 만족하는 수는

$682 - 286 = 396$이므로 구하는 세 자리 수는 682입니다.

**27** 작은 사각형 1개짜리 : 1개, 2개짜리 : 3개,
3개짜리 : 3개, 4개짜리 : 4개, 5개짜리 : 1개,
6개짜리 : 4개, 8개짜리 : 2개, 9개짜리 : 2개,
10개짜리 : 1개, 12개짜리 : 2개, 15개짜리 : 1개
➡ 24개

**28** ㉠÷㉡$=7$에서 ㉠$=$㉡$\times 7$이므로

㉠$-$㉡$=30$에서 ㉡$\times 7 -$㉡$=30$,

㉡$\times 6 = 30$, ㉡$=5$입니다.

따라서 ㉠÷$5=7 \leftrightarrow 5 \times 7 =$㉠, ㉠$=35$이므로

㉠$+$㉡$=35+5=40$입니다.

**29** $12 = 3 \times 4$, $6 = 3 \times 2$,

$21 = 3 \times 7$이므로

㉠$=3$입니다.

㉠$=3$이므로 ㉡$=4$이고,

㉢$=2$입니다.

$72 = 9 \times 8$, $45 = 9 \times 5$이므로

㉣$=9$이고, ㉤$=8$, ㉥$=5$입니다.

따라서 ㉮$=$㉢$\times$㉥$=2 \times 5 = 10$입니다.

| × | ㉡ | ㉢ | | ㉣ |
|---|---|---|---|---|
| ㉤ | | | | 72 |
| ㉠ | 12 | 6 | 21 | ㉣ |
| | 24 | | | |
| ㉥ | | ㉮ | | 45 |

**30** 보기2 에서 작은 정사각형 한 변의 길이는 1 m임을 알 수 있습니다.

지나간 거리가 16 m인 길은 다음과 같이 6가지 그릴 수 있습니다.

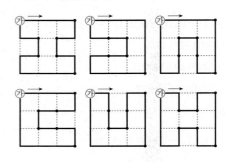

---

| 01 | 12 | 02 | 469 | 03 | ③ |
|---|---|---|---|---|---|
| 04 | 1 | 05 | 63 | 06 | 1 |
| 07 | 15 | 08 | 168 | 09 | 36 |
| 10 | 106 | 11 | 89 | 12 | 965 |
| 13 | 100 | 14 | 78 | 15 | 4 |
| 16 | 3 | 17 | 511 | 18 | 720 |
| 19 | 278 | 20 | 45 | 21 | 591 |
| 22 | 9 | 23 | 119 | 24 | 111 |
| 25 | 223 | 26 | 809 | 27 | 800 |
| 28 | 65 | 29 | 9 | 30 | 18 |

**01** ㉠$+9=13 \Rightarrow$ ㉠$=13-9=4$

$1+5+2=$㉡ $\Rightarrow$ ㉡$=8$

따라서 ㉠$+$㉡$=12$입니다.

```
    1 1
  5 7 ㉠
+ 2 8 9
───────
㉡ 6 3
```

**02** $594 + 328 - 453 = 469$(개)

**03** ㉠ 직사각형의 네 변의 길이는 모두 같지 않을 수도 있습니다.

㉣ 직각삼각형에는 직각이 1개 있습니다.

**04** 선분은 4개, 반직선은 3개이므로 선분은 반직선보다 1개 더 많습니다.

**05** 9로 나누어지는 두 자리 수는 18, 27, 36, 45, 54, 63, 72, 81, 90, 99이고, 이 중에서 일의 자리 숫자에 3을 더하여 십의 자리 숫자가 되는 수는 63입니다.

**06** $72 \div 8 = 9 \Rightarrow 9 \div 3 = 3 \Rightarrow 3 \div \bigcirc = 3$
따라서 $\bigcirc = 1$입니다.

**07**
$$\begin{array}{r} \boxed{ㄱ}\,2 \\ \times \quad \boxed{ㄴ} \\ \hline 5\ 7\ 6 \end{array}$$
$2 \times \boxed{ㄴ}$의 일의 자리 숫자는 6이므로 $\boxed{ㄴ} = 3$ 또는 8입니다.
$72 \times 8 = 576$이므로
$\boxed{ㄱ} = 7$, $\boxed{ㄴ} = 8$입니다.
따라서 $7 + 8 = 15$입니다.

**08** $42 \times 4 = 168$(개)

**09** 1 m 71 cm = 171 cm
$171 - 135 = 36$(cm)

**10**
$$\begin{array}{cccc} & & 60 & \\ & 4 & 24 & 60 \\ & \not5\text{시} & 25\text{분} & 43\text{초} \\ - & 3\text{시간} & 31\text{분} & 51\text{초} \\ \hline & 1\text{시} & 53\text{분} & 52\text{초} \end{array}$$
$\bigcirc = 1$, $\bigcirc = 53$, $\bigcirc = 52$이므로
$\bigcirc + \bigcirc + \bigcirc = 1 + 53 + 52 = 106$입니다.

**11** (어떤 수) $+ 163 = 415$이므로
(어떤 수) $= 415 - 163 = 252$입니다.
따라서 바르게 계산하면 $252 - 163 = 89$입니다.

**12** ㉮ $= 6$, ㉯ $= 5$, ㉰ $= 9$입니다.
따라서 만들 수 있는 가장 큰 세 자리 수는 965입니다.

**13**

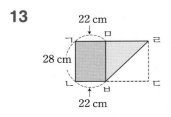

$28 + 22 + 28 + 22 = 100$(cm)

**14** 직사각형 1개짜리 : 12개, 직사각형 2개짜리 : 11개, 직사각형 3개짜리 : 10개, 직사각형 4개짜리 : 9개, 직사각형 5개짜리 : 8개, 직사각형 6개짜리 : 7개, 직사각형 7개짜리 : 6개, 직사각형 8개짜리 : 5개, 직사각형 9개짜리 : 4개, 직사각형 10개짜리 : 3개,

직사각형 11개짜리 : 2개, 직사각형 12개짜리 : 1개
따라서 찾을 수 있는 크고 작은 직사각형은 모두 $12 + 11 + 10 + 9 + 8 + 7 + 6 + 5 + 4 + 3 + 2 + 1 = 78$(개)입니다.

**15** 16자루의 연필을 2명, 4명, 8명, 16명에게 나누어 주면 각각 $16 \div 2 = 8$(자루), $16 \div 4 = 4$(자루), $16 \div 8 = 2$(자루), $16 \div 16 = 1$(자루)씩 나누어 줄 수 있습니다.
따라서 연필을 나누어 주는 방법은 4가지입니다.

**16** 놀이기구는 1회에 8명씩 탈 수 있습니다.
민준이가 몇 회에 탈 수 있는지 계산하면
$75 = 8 \times 9 + 3$이므로 9회를 운영하고
다음인 10회에서 3번째 칸에 타게 됩니다.
따라서 민준이는 3번 칸을 타게 됩니다.

**17** 가장 큰 수 : 97, 가장 작은 수 : 24
$(97 - 24) \times 7 = 73 \times 7 = 511$

**18** ㉮ 버스와 ㉯ 버스가 1분 동안 간 거리의 차는 $950 - 860 = 90$(m)이므로 8분 후에는 ㉮ 버스가 $90 \times 8 = 720$(m) 앞서 있습니다.

**19** (㉡에서 ㉢까지의 길이)
$= ($㉠에서 ㉢까지의 길이$)$
$+ ($㉡에서 ㉣까지의 길이$)$
$- ($㉠에서 ㉣까지의 길이$)$
$= 516 + 645 - 883 = 278$(cm)

**20** 시계가 가리키는 시각은 오후 4시 56분 35초이므로 7시간 35분 20초 전의 시각을 구하면
16시 56분 35초 $-$ 7시간 35분 20초
$=$ 9시 21분 15초이므로 $9 + 21 + 15 = 45$입니다.

**21** (바꾼 수) $- 168 = 783$이므로
(바꾼 수) $= 783 + 168 = 951$입니다.
따라서 처음 세 자리 수는 591입니다.

**22** 직사각형의 네 변의 길이의 합은
$20 + 16 + 20 + 16 = 72$(cm)이고,
정사각형 한 개의 네 변의 길이의 합은
$2 \times 4 = 8$(cm)입니다.
따라서 정사각형은 모두 $72 \div 8 = 9$(개) 있습니다.

**23** 두 자리 수 중 7로 나누어지는 수는 14, 21, 28, 35, 42, 49, 56, 63, 70, 77, 84, 91, 98입니다.
이 중에서 십의 자리 숫자와 일의 자리 숫자의 차이가 1인 수는 21, 56, 98이고, 십의 자리 숫자가 일의 자리 숫자보다 큰 수는 21, 98입니다. 따라서 두 수의 합을 구하면 21＋98＝119입니다.

**24** 3☆5＝3×5＋3－5＝13
6☆9＝6×9＋6－9＝51
9☆4＝9×4＋9－4＝41
따라서 23☆4＝23×4＋23－4＝111입니다.

**25** 색 테이프 3장을 이으면 겹쳐지는 부분이 2곳이므로 색 테이프 3장의 길이는
69＋3×2＝75(cm)가 됩니다.
즉, 한 장의 길이는 25cm입니다.
색 테이프 10장을 붙이면 겹쳐지는 부분이 9곳이므로 그 길이는
25×10－3×9＝223(cm)입니다.

**26** ♡＝9, ☆＝8이므로
☆♡☆－☆♡＝898－89＝809입니다.

**27** ㉮에서 작은 정사각형의 한 변의 길이는
40÷10＝4(cm)이므로 ㉯의 굵은 선의 길이는
4×20＝80(cm)＝800(mm)입니다.

**28** 주스 55병을 먹으면 빈 병 55개가 생기므로
54÷6＝9(병)의 주스로 바꿀 수 있습니다.
주스 9병을 먹으면 빈 병 10개가 생기므로
6÷6＝1(병)의 주스로 바꾸고
빈 병은 10－6＝4(개) 남습니다.
따라서 최대 55＋9＋1＝65(병)의 주스를 마실 수 있습니다.

**29** 일요일의 날짜를 □라 하면 일요일부터 토요일까지 날짜의 합은
□＋□＋1＋□＋2＋□＋3＋□＋4＋□＋5＋□＋6＝154입니다.
7×□＋21＝154, 7×□＝154－21,
7×□＝133이므로 □＝19입니다.
따라서 19－7－7＝5에서 이달의 첫 번째 일요

일은 5일이고 두 번째 목요일은 5＋4＝9(일)입니다.

**30** 1cm＝3cm－2cm
2cm＝2cm 막대
3cm＝3cm 막대
4cm＝9cm－5cm
5cm＝5cm 막대
6cm＝9cm－3cm
7cm＝9cm－2cm
8cm＝5cm＋3cm
9cm＝9cm 막대
10cm＝2cm＋3cm＋5cm
11cm＝9cm＋2cm
12cm＝9cm＋3cm
13cm＝9cm＋5cm＋2cm－3cm
14cm＝9cm＋5cm
15cm＝9cm＋5cm＋3cm－2cm
16cm＝9cm＋5cm＋2cm
17cm＝9cm＋5cm＋3cm
19cm＝9cm＋5cm＋3cm＋2cm
따라서 모두 18가지입니다.

**KMA** 최종 모의고사

**1** 회                               88~97쪽

| | | | | | |
|---|---|---|---|---|---|
| **01** | ① | **02** | 637 | **03** | 24 |
| **04** | 6 | **05** | 7 | **06** | 15 |
| **07** | 330 | **08** | 351 | **09** | 110 |
| **10** | 994 | **11** | 850 | **12** | 44 |
| **13** | 72 | **14** | 5 | **15** | 8 |
| **16** | 6 | **17** | 72 | **18** | 190 |
| **19** | 311 | **20** | 24 | **21** | 10 |
| **22** | 30 | **23** | 20 | **24** | 350 |
| **25** | 20 | **26** | 455 | **27** | 3 |
| **28** | 9 | **29** | 16 | **30** | 101 |

**01** ① 496  ② 85  ③ 83  ④ 255  ⑤ 392

**02** 178＋㉠＝815이므로
㉠＝815－178＝637입니다.

**03**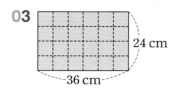
24 cm
36 cm
가로는
36÷6＝6(도막),
세로는
24÷6＝4(도막)
이므로
(만들 수 있는 카드의 수)＝6×4＝24(장)입니다.

**04** 직각삼각형 ㉮의 세 변의 길이의 합은
6＋8＋10＝24(cm)이므로 정사각형 ㉯의 네
변의 길이의 합은 24 cm입니다.
따라서 정사각형 ㉯의 한 변의 길이는
24÷4＝6(cm)입니다.

**05** 28÷4＝7이므로 7개의 둥근 탁자가 필요합니다.

**06** 36÷4＝9이므로 ㉠＝9, 36÷6＝6이므로
㉡＝6입니다.
따라서 ㉠＋㉡＝9＋6＝15입니다.

**07** 태훈 : 27×6＝162(개)
민석 : 24×7＝168(개)
➡ 162＋168＝330(개)

**08** (버스에 탄 사람 수)
＝(45－6)×9＝39×9＝351(명)

**09** 자의 큰 눈금 10칸이 1 m이므로 큰 눈금 한 칸
은 10 cm입니다.
테이프의 길이는 1 m 10 cm이고
1 m＝100 cm이므로 1 m 10 cm＝110 cm입니
다.

**10** (가로와 세로 길이의 합)
＝6 m 38 cm＋3 m 56 cm
＝638 cm＋356 cm＝994 cm

**11** ▲＋7＝15에서 ▲＝8
1＋3＋■＝9에서 ■＝5
6＋4＝1●에서 ●＝0
따라서 세 자리 수 ▲■●＝850입니다.

**12** (포도와 귤을 좋아하는 학생 수)
＝288－(118＋64)＝106(명)

따라서 귤을 좋아하는 학생은
106－18＝88(명)의 절반이므로 44명입니다.

**13**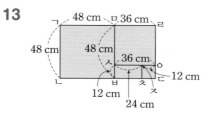
48 cm
36 cm
48 cm
48 cm
36 cm
12 cm
12 cm
24 cm

정사각형은 네 변의 길이가 모두 같은 사각형
입니다.
(변 ㄱㄴ의 길이)＝(변 ㄱㅁ의 길이)＝48 cm
(변 ㅁㄹ의 길이)＝84－48＝36(cm)
(변 ㅅㅂ의 길이)＝(변 ㅇㅈ의 길이)
＝48－36＝12(cm)
(변 ㅅㅊ의 길이)＝36－12＝24(cm)
따라서 사각형 ㅅㅂㅊㅈ은 직사각형이므로
둘레는 12＋24＋12＋24＝72(cm)입니다.

**14** 

따라서 크고 작은 직각삼각형은 모두 5개입니다.

**15** 한 상자에 들어 있는 호두과자 수 :
5×6＝30(개)
3상자에 들어 있는 호두과자 수 :
30＋30＋30＝90(개)
옆집에 주고 남은 호두과자 수 :
90－18＝72(개)
따라서 친구 한 명에게 줄 호두과자는
72÷9＝8(개)입니다.

**16** ■÷▲＝8에서 ■는 ▲의 8배입니다.
■＋▲＝54에서 ▲의 9배는 54이므로
▲×9＝54, ▲＝54÷9＝6

**17** 일의 자리 숫자가 십의 자리 숫자의 2배가 되는
두 자리 수는 12, 24, 36, 48입니다.
이 중에서 8로 나누어지는 수는 24와 48입니다.
따라서 24＋48＝72입니다.

**18** 30×2＋25×2＋12×4＋32＝190(cm)

**19** 테이프 3개의 길이에서 겹쳐진 길이만큼 빼 주

면 전체 테이프의 길이가 됩니다.

$1\,m\,28\,cm+1\,m\,28\,cm+1\,m\,28\,cm$

$=3\,m\,84\,cm$

$3\,m\,84\,cm-27\,cm-46\,cm$

$=3\,m\,57\,cm-46\,cm$

$=3\,m\,11\,cm=311\,cm$

**20** (낮의 길이)=(해지는 시각)−(해뜨는 시각)

$=18$시 $24$분 $8$초$-5$시 $50$분 $30$초

$=12$시간 $33$분 $38$초

(밤의 길이)=$24$시간−(낮의 길이)

$=24$시간$-12$시간 $33$분 $38$초

$=11$시간 $26$분 $22$초

따라서 낮의 길이는 밤의 길이보다

$12$시간 $33$분 $38$초$-11$시간 $26$분 $22$초

$=1$시간 $7$분 $16$초 더 깁니다.

➡ ㉠+㉡+㉢=$1+7+16=24$

**21** 백의 자리 숫자 ㉠이 십의 자리로 받아내림하여 $0$이 되므로 ㉠=$1$입니다.

일의 자리의 계산에서 ㉠−㉠=$1-1=0$이므로 ㉡=$0$입니다.

십의 자리의 계산에서 $10+$㉡−㉢=㉠,

$10+0-$㉢$=1$, $10-$㉢$=1$, ㉢=$9$입니다.

따라서 ㉠+㉡+㉢=$1+0+9=10$입니다.

**22** (전체 타일의 개수)

$=1+4+9+16+25+36=91$(장)

(보이는 타일의 수)

$=1+4+8+12+16+20=61$(장)

(보이지 않는 타일의 수)=$91-61=30$(장)

**23** 세 수의 합은 $7\times9=63$이므로 연속하는 세 수는 $20$, $21$, $22$입니다.

따라서 가장 작은 수는 $20$입니다.

**24** ㉮ 도로와 ㉯ 도로에 심은 나무 수의 차가

$43-36=7$(그루)이므로 나무와 나무 사이의 간격은 $70\div7=10$(m)입니다.

따라서 ㉮ 도로의 길이는

$10\times(36-1)=350$(m)입니다.

**25** 알림판의 가로 길이에서 그림 $4$장의 가로 길이를 합한 수를 빼고 남은 길이를 간격의 수 $5$로

나누어 주면 됩니다.

따라서 $300-50\times4=100$(cm)의 길이가 남으므로 간격을 $100\div5=20$(cm)로 해야 합니다.

**26**

| 백 | 십 | 일 | 각 자리 숫자의 합 |
|---|---|---|---|
| 3 | 5 | 0 | 8 |
| 4 | 4 | 1 | 9 |
| 5 | 3 | 2 | 10 |
| 6 | 2 | 3 | 11 |
| 7 | 1 | 4 | 12 |
| 8 | 0 | 5 | 13 |

각 자리 숫자의 합이 가장 큰 세 자리 수 ㉮=$805$, 각 자리 숫자의 합이 가장 작은 세 자리 수 ㉯=$350$입니다.

➡ $805-350=455$

**27** 정사각형은 네 변의 길이가 같아야 하기 때문에 변의 길이가 같은 $4$쌍을 만들면 정사각형을 만들 수 있습니다.

길이가 $9\,cm$인 $4$쌍을 만들 수 있습니다.

$1+8=2+7=3+6=4+5$

같은 방법으로 한 변의 길이가 $8\,cm$, $7\,cm$인 $4$쌍을 또 만들 수 있습니다.

$1+7=2+6=3+5=8$, $1+6=2+5=3+4=7$

다음에 $1+5=2+4=6$, 이 경우는 한 변이 모자라기 때문에 불가능합니다.

따라서 모두 $3$가지입니다.

**28** 두 개의 주사위를 던져서 나올 수 있는 수의 합은 $2$에서 $12$까지입니다.

이 중에서 $4$로 나누어지는 경우는 $4$, $8$, $12$일 때입니다.

| + | 1 | 2 | 3 | 4 | 5 | 6 |
|---|---|---|---|---|---|---|
| 1 | 2 | 3 | ④ | 5 | 6 | 7 |
| 2 | 3 | ④ | 5 | 6 | 7 | ⑧ |
| 3 | ④ | 5 | 6 | 7 | ⑧ | ⑨ |
| 4 | 5 | 6 | 7 | ⑧ | 9 | 10 |
| 5 | 6 | 7 | ⑧ | 9 | 10 | 11 |
| 6 | 7 | ⑧ | 9 | 10 | 11 | ⑫ |

• 합이 $4$인 경우 : $3$가지

• 합이 $8$인 경우 : $5$가지

• 합이 $12$인 경우 : $1$가지

따라서 모두 $3+5+1=9$(가지)입니다.

**29** 올해 영수의 나이는 10살이므로 형의 나이는 $10+4=14$(살)입니다.

영수와 형의 나이의 합은 $10+14=24$(살)이고 올해 아버지의 연세는 $(10+14)\times2-8=40$(세)입니다.

따라서 영수와 형의 나이의 합이 아버지의 연세와 같아지려면 $40-24=16$(년)이 더 지나야 합니다.

**30** 3월은 31일까지 있으므로 $31=7\times4+3$에서 토요일은 4번, 일요일은 5번 있습니다.

일주일 동안의 독서 시간은
(1시간 25분)$\times5+$(1시간 45분)$\times2$
$=10$시간 35분이므로
4주 동안의 독서 시간은
(10시간 35분)$\times4$
$=40$시간 140분$=42$시간 20분입니다.

나머지 3일 동안에는
(1시간 25분)$\times3+20$분
$=3$시간 95분$=4$시간 35분이므로
한 달 동안 독서한 시간은
42시간 20분$+4$시간 35분
$=46$시간 55분입니다.

➡ $46+55=101$

## ② 회        98~107쪽

| | | |
|---|---|---|
| **01** 8 | **02** 823 | **03** ③ |
| **04** 24 | **05** ① | **06** 8 |
| **07** 388 | **08** 776 | **09** ④ |
| **10** 21 | **11** 527 | **12** 865 |
| **13** 70 | **14** 7 | **15** 7 |
| **16** 8 | **17** 360 | **18** 228 |
| **19** 225 | **20** 72 | **21** 404 |
| **22** 32 | **23** 11 | **24** 64 |
| **25** 19 | **26** 484 | **27** 144 |
| **28** 8 | **29** 195 | **30** 83 |

**01** 십의 자리의 계산에서 $1+2+\square=11$이므로 $\square=8$입니다.

**02** $598+225=823$(걸음)

**04** 만들 수 있는 가장 큰 정사각형의 한 변의 길이는 6 cm이므로 네 변의 길이의 합은 $6\times4=24$(cm)입니다.

**05** 한 봉지에 담은 초콜릿의 수는
민아 : $27\div3=9$(개), 상진 : $36\div9=4$(개),
동혁 : $40\div5=8$(개), 수현 : $48\div6=8$(개),
현주 : $56\div8=7$(개)
따라서 가장 많이 담은 학생은 민아입니다.

**06** 5사탕은 모두 $16+16+16=48$(개)입니다.
따라서 한 사람에게 $48\div6=8$(개)씩 나누어 주면 됩니다.

**07** (동화책의 수)$=52\times3=156$(권)
(위인전의 수)$=29\times8=232$(권)
따라서 모은 책은 모두 $156+232=388$(권)입니다.

**08** (어떤 수)$+8=105$, (어떤 수)$=105-8=97$
따라서 바르게 계산하면 $97\times8=776$입니다.

**09** ② $8$ km $99$ m$=8099$ m
④ $8$ km $830$ m$=8830$ m이므로
가장 긴 길이부터 차례로 놓으면
$8830$ m$>8824$ m$>8802$ m$>8099$ m$>8090$ m 입니다.
따라서 가장 긴 것은 ④ $8$ km $830$ m입니다.

**10** 2시 40분$+1$시간 25분$+12$분
$=3$시 77분$=4$시 17분
➡ $4+17=21$

**11** 만든 두 수의 차가 가장 크기 위해서는 가장 큰 세 자리 수에서 가장 작은 세 자리 수를 빼야 합니다.
따라서 가장 큰 세 자리 수는 763, 가장 작은 세 자리 수는 236이므로 두 수의 차는 $763-236=527$입니다.

**12** $627-238=389$이므로 두 수의 합은 $627+238=865$입니다.

**13** 굵은 선의 길이는 정사각형의 한 변의 길이의
14배이므로 $5 \times 14 = 70$(cm)입니다.

**14** 작은 삼각형 1개짜리 : 6개
작은 삼각형 4개짜리 : 1개
따라서 모두 $6 + 1 = 7$(개)입니다.

**15** 어린이들이 나누어 먹는 곶감은 $81 - 18 = 63$(개)
입니다.
따라서 어린이 한 명은 $63 \div 9 = 7$(개)씩 먹을
수 있습니다.

**16** ㉠에서 어떤 수는 6보다 큰 수입니다.
㉡에서 어떤 수는 9보다 작은 수입니다.
㉠, ㉡을 만족하면서 ㉢을 만족하는 수는 8입
니다.

**17** 한 변에 16개의 기둥을 세우면 간격의 수는 15
개가 되므로 한 변의 길이는 $15 \times 4 = 60$(m)가
됩니다.
따라서 이 땅의 둘레의 길이는 $60 \times 6 = 360$(m)
입니다.

**18** $6 ★ 4 = (6 \times 4) \times (6 - 4) = 24 \times 2 = 48$
$9 ★ 5 = (9 \times 5) \times (9 - 5) = 45 \times 4 = 180$
$(6 ★ 4) + (9 ★ 5) = 48 + 180 = 228$

**19** (㉯ 실내화의 길이)
$=$(㉮ 실내화의 길이)$+ 25$ mm
$= 21$ cm $5$ mm $+ 25$ mm
$= 215$ mm $+ 25$ mm
$= 240$ mm
(㉰ 실내화의 길이)
$=$(㉯ 실내화의 길이)$- 1$ cm $5$ mm
$= 240$ mm $- 15$ mm
$= 225$ mm

**20** 하루에 4분 35초씩 늦게 가고, 월요일 정오부
터 목요일 정오까지 3일간은
4분 35초$+$4분 35초$+$4분 35초$=$13분 45초
가 늦게 갑니다.
따라서 12시$-$13분 45초$=$11시 46분 15초를
가리킵니다.
➡ ㉠$+$㉡$+$㉢$=11+46+15=72$

**21** $800 - 393 = 407$이므로 □ 안에 백의 자리와

일의 자리 숫자가 같은 세 자리 수 중에서 407
에 가장 가까운 수 404를 넣으면 800에 가장
가까운 수가 됩니다.

**22** 직사각형 모양의 종이를 세 번 접었다
폈을 때의 모양은 오른쪽과 같습니다.
접은 선을 따라 자르면 8개의 작은 직
사각형이 만들어집니다.
직사각형 1개의 색칠된 면에 4개의 직각이 있
으므로 찾을 수 있는 직각은 모두 $4 \times 8 = 32$(개)
입니다.

**23** • 모양은 △○△□○□가 되풀이되는 규칙입니다.
$36 = 6 \times 6$이므로 여섯 번째 모양과 같은
□모양입니다.
• 숫자는 7, 9, 6, 3, 2가 되풀이되는 규칙입니다.
$36 = 5 \times 7 + 1$이므로 첫 번째 숫자와 같은
7입니다.
따라서 36번째에 놓일 그림에서 숫자와 변의
개수의 합은 $7 + 4 = 11$입니다.

**24**

| | 첫 번째 | 두 번째 | 세 번째 | 네 번째 | … | 16번째 |
|---|---|---|---|---|---|---|
| 바둑돌의 수 | $1 \times 4$ | $2 \times 4$ | $3 \times 4$ | $4 \times 4$ | … | $16 \times 4$ |
| | 4 | 8 | 12 | 16 | … | 64 |

**25** (예슬이가 도착한 시각)
$=$3시$-$16분 40초$=$2시 43분 20초
(한별이가 도착한 시각)
$=$2시 43분 20초$+$22분 50초$=$3시 6분 10초
➡ ㉠$+$㉡$+$㉢$=3+6+10=19$

**26** 둘째 줄에서 ◆$+$◆$+$★$+$★$=480$이므로
◆$+$★$=240$
첫째 줄에서 ●$+$●$+240=474$,
●$+$●$=234$, ●$=117$
넷째 줄에서 ★$=479-240-117=122$
㉮$=122 \times 2 + 240 = 484$

**27** 주어진 그림에서 12개
의 직사각형 각각의 둘
레의 길이의 합은 오른
쪽과 같이 전체를 똑같
이 잘랐을 때, 작은 정사각형들의 둘레의 길이
의 합과 같습니다.

따라서 12개의 직사각형 각각의 둘레의 길이의
합은 $(3+3) \times 2 \times 12 = 12 \times 12 = 144(\text{cm})$
입니다.

**28** $12 \div 3 = 4$, $12 \div 4 = 3$
$14 \div 2 = 7$, $14 \div 7 = 2$
$21 \div 3 = 7$, $21 \div 7 = 3$
$42 \div 6 = 7$, $42 \div 7 = 6$
따라서 만들 수 있는 나눗셈식은 모두 8가지입
니다.

**29** $1 + 2 + 3 + \cdots + 13 + 14 + 15 = 120$
   $\downarrow +5$ $\downarrow +5$ $\downarrow +5$   $\downarrow +5$ $\downarrow +5$ $\downarrow +5$
$6 + 7 + 8 + \cdots + 18 + 19 + 20$
1부터 15까지의 각각의 수에 5씩 큰 수의 합을
구하는 것이므로 15개의 수의 합은
$120 + 5 \times 15 = 195$입니다.

**30** 기계 5대로 20분 50초 동안 만들 수 있는 장난
감은 50개입니다.
200은 50의 4배이므로 기계 5대로 장난감 200
개를 만드는 데 걸리는 시간은
20분 50초＋20분 50초＋20분 50초＋20분 50초
＝80분 200초＝83분 20초입니다.
따라서 일이 끝나는 시각은
9시 30분＋83분 20초＝10시 53분 20초이므로
㉠＋㉡＋㉢＝10＋53＋20＝83입니다.

Memo

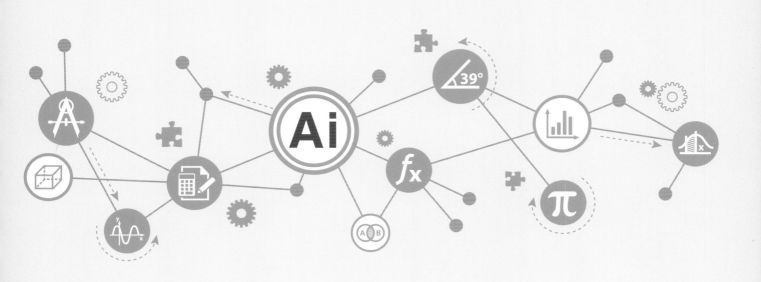

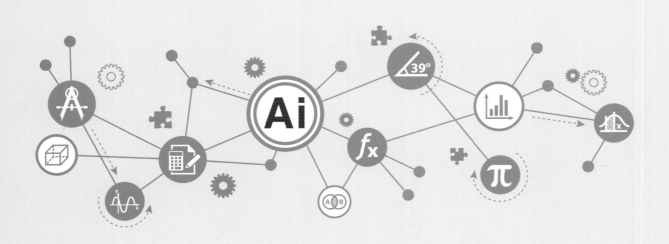